用平底锅做

彭依莎 主编

中国纺织出版社

图书在版编目（CIP）数据

用平底锅做甜点 / 彭依莎主编 . -- 北京 : 中国纺织出版社，2019.8
ISBN 978-7-5180-6098-6

Ⅰ . ①用… Ⅱ . ①彭… Ⅲ . ①甜食—制作 Ⅳ . ① TS972.134

中国版本图书馆 CIP 数据核字（2019）第 063526 号

责任编辑：舒文慧　　责任校对：王花妮　　责任印制：王艳丽

中国纺织出版社出版发行
地址：北京市朝阳区百子湾东里 A407 号楼　邮政编码：100124
销售电话：010 — 67004422　传真：010 — 87155801
http://www.c-textilep.com
E-mail: faxing@c-textilep.com
中国纺织出版社天猫旗舰店
官方微博 http://weibo.com/2119887771
深圳市雅佳图印刷有限公司印刷　各地新华书店经销
2019 年 8 月第 1 版 第 1 次印刷
开本：710 × 1000　1 / 16　印张：10
字数：63 千字　定价：49.80 元

目录 Contents

第1章 一把平底锅做出美味甜点

第2章 口感酥脆的饼干

一吃就上瘾的蛋糕

松软可口的面包

百变香酥的挞&派

第6章 梦幻的薄饼&松饼

第7章 人人都爱的美味甜点

search for the novel
ower and the Gloy.

第1章

一把平底锅做出美味甜点

人们总是把甜点与烤箱联系在一起，
难道没有烤箱就做不出美味甜点了吗？
其实不然，用家中普通的平底锅
也可以完成很多甜点的制作。
再也不用羡慕那些
有烤箱的小伙伴了！

平底锅是万能的料理工具

在所有锅具中，平底锅是最方便也最实用的烹饪工具之一，尤其适合无法选购大量烹饪用具的学生族、单身族和上班族使用。当然，平底锅也受到许多家庭主妇的青睐。

平底锅是最适合煎制食物的锅具。相比于炒锅，平底锅的锅底平整，可以使食物在锅内均匀受热，而且操作简单，清洗方便，可以说是厨房新手的最爱。平底锅有铝制、铁制、搪瓷、不锈钢等多种材质。目前市面上的平底锅大多是不粘锅，对于经验不足的厨房新手而言，这一特性更能弥补许多烹饪技术上的欠缺。

平底锅的用途不局限于料理菜肴，还可以用来烘烤蛋糕、制作甜点。用平底锅取代烤箱烘烤食物，非常简便，且不受地点限制，如饼干、蛋糕、挞派、松饼、布丁等，都可以用家里的平底锅轻松做出来。

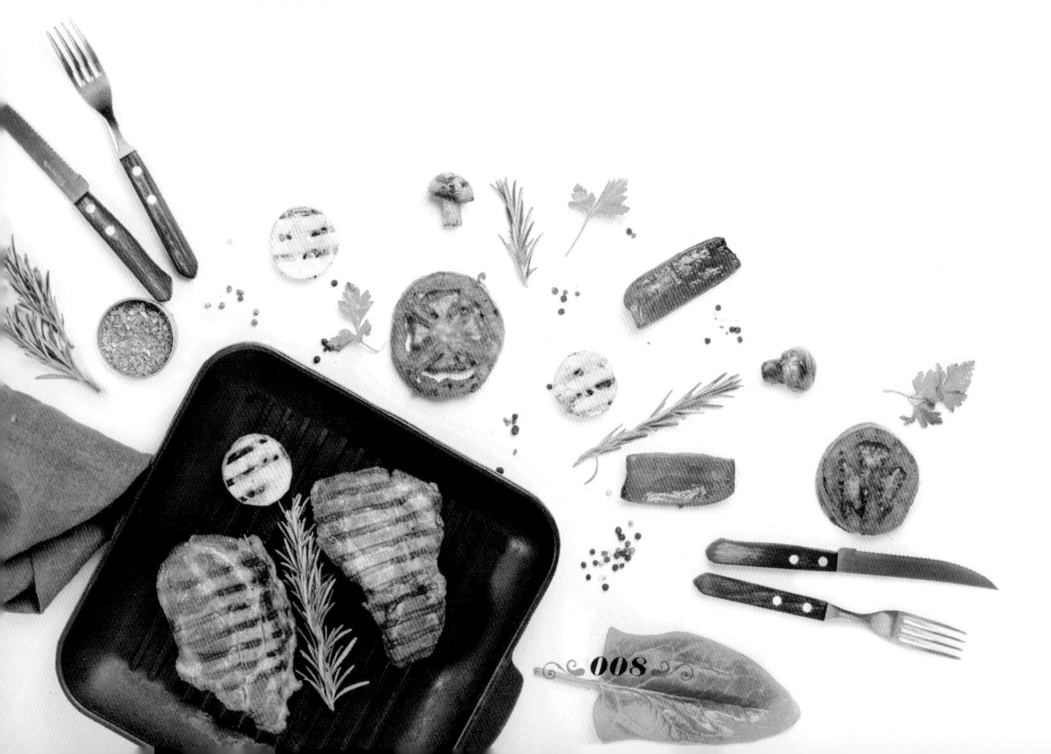

那么，我们如何选购一款适合自己的平底锅呢？

择优选购

选购平底锅时不能贪便宜。材质差的平底锅不耐高温，有的在高温下还会散发有毒物质。此外，平底锅的底上有涂层，质量差的平底锅涂层容易脱落，脱落的涂层经高温加热后会产生有害的含氟共聚物。因此，建议大家择优选购。

注意锅底的平滑度

购买平底锅时要注意锅底是否有划痕，把手处是否有松动现象。

根据用法来选购

有些家庭用火做饭，而有些家庭用电做饭，其中最常用的就是电磁炉。所以，要根据不同的热源挑选不一样的平底锅，有的平底锅适合电磁炉使用，有的则不行，如常见的螺纹锅底的平底锅就不一定适用于电磁炉。

注意锅的大小尺寸

平底锅不是越大越好，也不是越小越好，要根据使用需求来选择。一般来说，常见的平底锅直径在20～32厘米之间，使用比较方便。

制作甜点的基本工具

俗话说：“工欲善其事，必先利其器。”要想制作出美味可口的甜点，就必须提前做好准备以及熟练运用各种工具。除了平底锅，还需要准备哪些工具呢？下面我们来了解一下制作甜点时需要经常用到的工具。

手动打蛋器

适用于打发少量黄油，或者某些不需要打发，只需要把鸡蛋、糖、油混合搅拌的环节，使用手动打蛋器会更加方便快捷。

电动搅拌器

电动搅拌器打发速度快，比较省力，使用起来十分方便。例如，用手动打蛋器打发全蛋会很困难，必须使用电动搅拌器。

电子秤

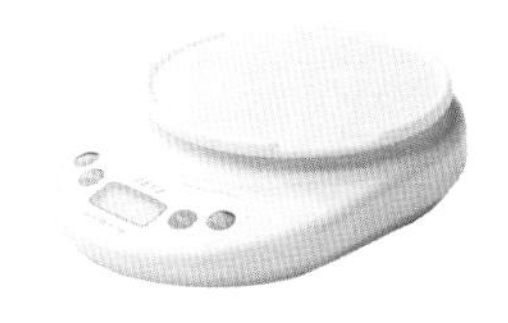

电子秤又叫电子计量秤，用来称量各式各样的粉类（如面粉、抹茶粉等）、细砂糖等需要准确称量的材料。

橡皮刮板

橡皮刮板是一种软质、如刀状的工具，在蛋糕制作时粉类和液体类物质混合的过程中起重要作用，在搅拌的同时，它可以紧紧贴在碗壁上，把附着在碗壁上的蛋糕糊刮得干干净净。

裱花袋

裱花袋是三角形的塑料材质袋子，使用时装入奶油，再在尖端套上裱花嘴或直接用剪刀剪开小口，可以挤出各种纹路的奶油花。

面粉筛

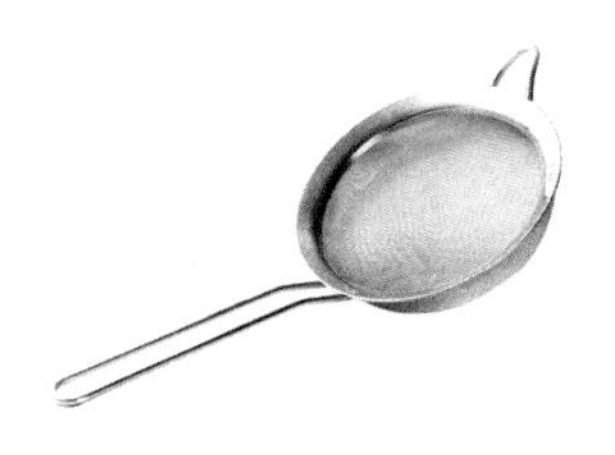

面粉筛一般由不锈钢制成，是用来过滤面粉的烘焙工具。面粉筛底部为漏网状，可以用于过滤面粉中含有的杂质。

奶油抹刀

奶油抹刀一般用于蛋糕裱花时涂抹奶油或抹平奶油，或在食物脱模时分离食物和模具。一般情况下，有需要刮平和抹平的地方，都可以使用奶油抹刀。

转盘

转盘一般为铝合金材质。在用抹刀涂抹蛋糕坯时，可利用转盘边转动边涂抹，能大大节省制作蛋糕的时间。

慕斯圈

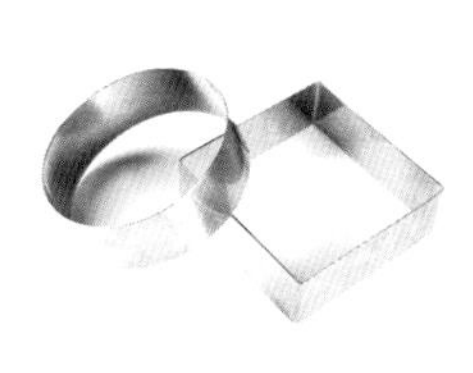

用于慕斯或提拉米苏等需要冷藏凝固的蛋糕的定形。使用时，用保鲜膜包裹住慕斯圈的底部，再放入烤好的蛋糕体和慕斯液，放入冰箱冷藏即可。

活底模具

活底模具在制作蛋糕时使用频率较高，喜欢蛋糕的制作者可以常备。“活底”更方便平底锅中定形使用，保证蛋糕的完整，非常适合新手使用。

制作甜点的基本材料

想要做出美味的甜点，我们需要哪些材料呢？以下介绍用平底锅制作甜点所需要的一些基本材料。

面粉

通常使用的面粉可分为高筋面粉、中筋面粉及低筋面粉。高筋面粉筋度大，有黏性，用手抓不易成团；中筋面粉为半松散质地，筋度和黏度较均衡；低筋面粉用手抓易成团，用它制作出来的烘焙产品口感较松软。

泡打粉

泡打粉又称复合膨松剂、发泡粉或发酵粉，是由小苏打粉加上其他酸性物质制成的，能够通过化学反应使甜点快速变得蓬松、软化，增强甜点的口感。

绿茶粉

绿茶粉是一种由绿茶制成的细末状粉类，它能最大限度地保持茶叶原有的营养成分。

可可粉

可可粉是可可豆经过各种工序加工后得到的褐色粉状物，具有独特的香气。

糖粉

糖粉一般呈白色的粉末状，颗粒非常细小，可直接用粉筛过滤，撒在甜点上作为装饰。

细砂糖

细砂糖是一种结晶颗粒较小的糖，因为其颗粒细小，通常用于制作蛋糕或饼干。

吉利丁

吉利丁又称明胶或鱼胶，是从动物骨头中提取出来的胶质，通常呈黄褐色透明状。在使用前需要用水泡软，通常用于制作慕斯蛋糕，放入慕斯液中拌匀，可以起到凝固的作用。

淡奶油

淡奶油即动物奶油，脂肪含量通常为30%~35%，可打发作为甜点的奶油装饰，也可作为原料直接加入到甜点中。淡奶油需要冷藏保存，使用时再从冰箱拿出，否则可能出现无法打发的情况。

黄油

黄油即从牛奶中提炼出来的油脂，可分为有盐黄油和无盐黄油。本书中制作的甜点均采用无盐黄油。黄油通常需要冷藏，使用时要提前在室温中软化，若温度超过34℃，黄油会融化为液态。

奶油奶酪

奶油奶酪是牛奶浓缩、发酵而成的奶制品，富含蛋白质和钙，易于人体吸收。奶油奶酪通常需要密封冷藏，通常为淡黄色，具有浓郁的奶香，是制作奶酪蛋糕的常用材料。

第2章

口感酥脆的饼干

饼干种类多样，酥脆诱人，
无论是挤出来的简单饼干、
刀切出来的饼干、手揉出来的饼干，
还是模具压出来的造型饼干，
都深受人们的喜爱。
饼干制作方法简单易上手，
本章教您用平底锅轻松自制饼干！

奶香饼干

准备材料

全蛋液 10 克

低筋面粉 124 克

细砂糖 38 克

玉米油 22 毫升

牛奶 18 毫升

炼乳 15 克

香草精少许

制作步骤

制作面团

1. 将玉米油、牛奶、细砂糖、炼乳倒入大玻璃碗中，搅拌均匀。
2. 倒入香草精，搅拌均匀；倒入全蛋液，搅拌均匀。
3. 将低筋面粉过筛至碗中，用橡皮刮刀翻拌至无干粉，用手揉搓成面团。

整形

4. 取出面团放在操作台上，用擀面杖擀成厚薄一致的面皮，用小熊模具按压出数个饼干坯。

煎制

5. 平底锅铺上高温布，放上饼干坯并铺好，盖上锅盖，用小火煎5分钟至底部上色，揭开锅盖，翻面，继续用小火煎至上色，盛出即可。

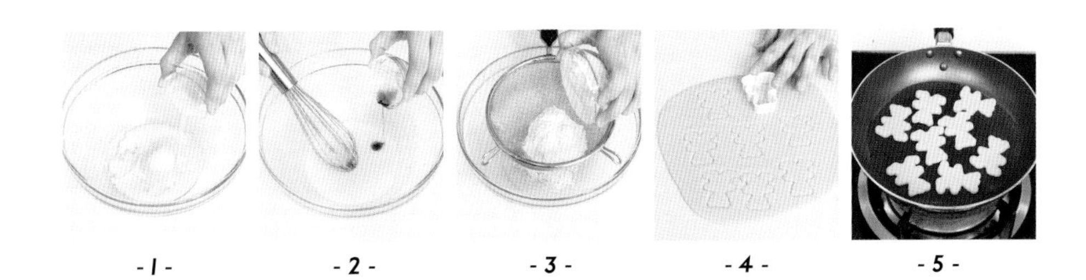

-1-　-2-　-3-　-4-　-5-

花生饼干

准备材料

低筋面粉 65 克

细砂糖 28 克

大豆油 30 毫升

花生酱 20 克

盐 1 克

制作步骤

制作面团

1. 将花生酱、大豆油倒入大玻璃碗中，用橡皮刮刀翻拌均匀。
2. 倒入细砂糖，搅拌均匀；倒入盐，搅拌均匀。
3. 将低筋面粉过筛至碗中，翻拌至无干粉，用手揉搓成面团。

整形

4. 将面团分成数个小面团，放在手掌上按压成扁面皮，制成饼干坯。

煎制

5. 平底锅铺上高温布，放上按压好的饼干坯，盖上锅盖，用小火煎5分钟至饼干坯底部上色。
6. 揭开锅盖，翻面，继续煎一会儿，至底部上色，盛出装盘即可。

- 1 -

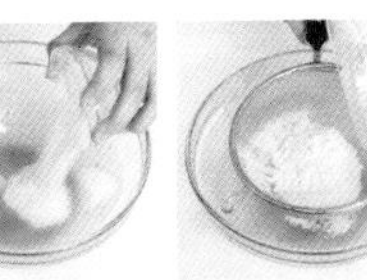

- 2 -

- 3 -

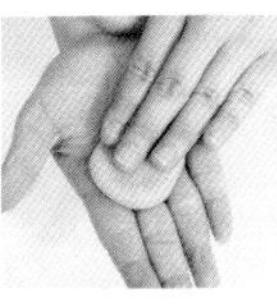

- 4 -

- 5 -

- 6 -

腰果曲奇

准备材料

无盐黄油 30 克
细砂糖 25 克
全蛋液 13 克
低筋面粉 55 克
腰果 20 克
可可粉 5 克

制作步骤

处理腰果

1. 将腰果切碎，待用；平底锅用中火加热，放入腰果翻炒至散发出香味，盛出待用。

制作面团

2. 将无盐黄油倒入大玻璃碗中，加细砂糖拌匀。
3. 倒入全蛋液、腰果碎拌匀，将可可粉、低筋面粉过筛至碗中，翻拌成无干粉的面团。

整形煎制

4. 将面团分成数个小挤子，搓圆，压扁，制成饼干坯。
5. 平底锅铺上高温布，放上饼干坯，用中小火煎4分钟至底面上色，翻面，改小火烘5分钟即可。

核桃枫糖饼干

准备材料

低筋面粉 100 克

无盐黄油 40 克

核桃仁适量

枫糖浆 35 克

盐 1 克

全蛋液少许

制作步骤

制作面团

1. 将无盐黄油倒入大玻璃碗中。
2. 倒入枫糖浆，搅拌均匀，倒入盐，搅拌均匀。
3. 将低筋面粉过筛至碗中，翻拌成面团。

整形

4. 取出面团，放在操作台上，用擀面杖擀成厚薄一致的面皮，用圆形模具按压出数个饼干坯。

煎制

5. 平底锅铺上高温布，放上饼干坯，再往饼干坯上刷一层全蛋液，放上核桃仁，盖上锅盖，用中小火煎约10分钟，至饼干坯底上色，盛出即可。

巧克力蛋白饼

准备材料

蛋白液 65 克

细砂糖 30 克

低筋面粉 55 克

可可粉 4 克

巧克力适量

防潮糖粉少许

制作步骤

制作面团

1. 将蛋白液、细砂糖倒入大玻璃碗中，用电动搅拌器搅打至干性发泡。
2. 将低筋面粉、可可粉过筛至碗中，以橡皮刮刀翻拌成无干粉的面糊。
3. 将面糊装入裱花袋，在裱花袋尖端处剪个小口。

煎制

4. 平底锅铺上高温布，在高温布上挤出几块圆形的面糊，用小火煎约4分钟至两面上色、熟透，制成蛋白饼，取出后铺在油纸上。

装饰

5. 另取裱花袋装入巧克力，隔水融化，剪口。
6. 将巧克力来回挤在蛋白饼上，再将防潮糖粉过筛到蛋白饼上即可。

- 1 -

- 2 -

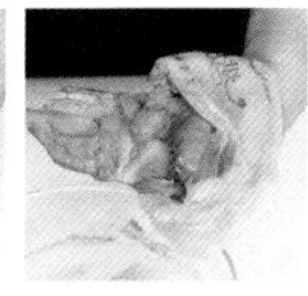

- 3 -

- 4 -

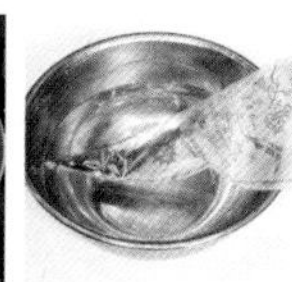

- 5 -

- 6 -

奶酪饼干

准备材料

低筋面粉 105 克

全蛋液 8 克

蛋黄液 20 克

奶酪粉 25 克

细砂糖 35 克

大豆油 30 毫升

牛奶 30 毫升

盐 1 克

制作步骤

制作面团

1. 将大豆油、牛奶倒入大玻璃碗中，搅拌均匀。
2. 倒入细砂糖，继续拌匀，倒入盐、全蛋液，搅拌均匀。
3. 将低筋面粉、奶酪粉过筛至碗中，用橡皮刮刀翻拌至无干粉，用手揉搓成面团。

整形

4. 取出面团，放在操作台上，擀成厚薄一致的面皮，用花形模具按压出数个饼干坯。

煎制

5. 平底锅铺上高温布，放上饼干坯并铺好，在饼干坯表面刷上一层蛋黄液，用中小火煎约5分钟至底部呈金黄色，盛出即可。

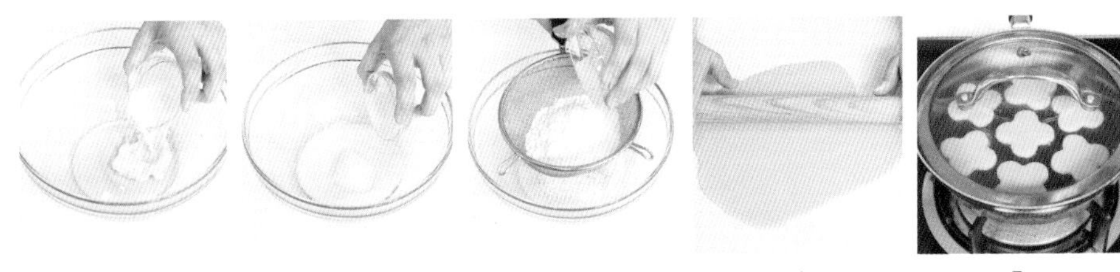

-1- -2- -3- -4- -5-

水果饼干

准备材料

低筋面粉 70 克
无盐黄油 40 克
细砂糖 40 克
淡奶油 80 克
盐 1 克
草莓粒少许
蓝莓少许
葡萄干少许
橘子瓣少许
树莓少许
香草精少许

制作步骤

制作面团

1. 将无盐黄油倒入大玻璃碗中，倒入细砂糖、盐、香草精，筛入低筋面粉，拌成面团。

整形

2. 将面团擀成皮，用爱心模具按压出数个饼干坯。

煎制

3. 平底锅铺上高温布，放上饼干坯，用中小火煎10分钟至饼干坯底上色，盛出。

装饰

4. 饼干表面挤上打发的淡奶油，放上橘子瓣、蓝莓、草莓粒、葡萄干、树莓装饰即可。

黄豆粉饼干

准备材料

低筋面粉 70 克
黄豆粉 30 克
细砂糖 25 克
熟黑芝麻 20 克
玉米油 30 毫升
牛奶 30 毫升

制作步骤

制作面团

1. 将低筋面粉、黄豆粉、细砂糖、熟黑芝麻倒入大玻璃碗中拌匀，倒入玉米油、牛奶，翻拌成面团。

整形

2. 取出面团放在操作台上，擀成面皮。
3. 用圆形模具在面皮上按压出数个饼干坯。

煎制

4. 平底锅铺上高温布，再放上饼干坯，用叉子在饼干坯表面戳出小洞，开中火煎7分钟，翻面，撤走高温布，继续煎7分钟至上色即可。

姜饼人

准备材料

低筋面粉 105 克
无盐黄油 45 克
糖粉 50 克
蓝莓果酱 5 克
蛋黄液 20 克
泡打粉 1 克
盐 1 克
已融化的白巧克力适量
已融化的黑巧克力适量
红色翻糖蝴蝶结

制作步骤

制作面团

1. 将无盐黄油、糖粉倒入大玻璃碗中，用橡皮刮刀翻拌均匀，拌至无干粉。
2. 倒入蓝莓果酱，翻拌均匀；边倒入蛋黄液，边用橡皮刮刀搅匀；倒入盐，翻拌均匀。
3. 将低筋面粉、泡打粉过筛至碗中，用橡皮刮刀翻拌均匀，制成面团。

整形

4. 将面团用擀面杖擀成厚薄一致的薄面皮。
5. 用姜饼人模具按压出数个饼干坯。

煎烤

6. 平底锅铺上高温布，再放上饼干坯，煎5分钟至饼干坯底上色，翻面，撤走高温布，继续煎5分钟至上色，盛出，再分别用裱花袋装入融化的黑、白巧克力液，在饼干上挤出造型图案，最后放上红色翻糖蝴蝶结即可。

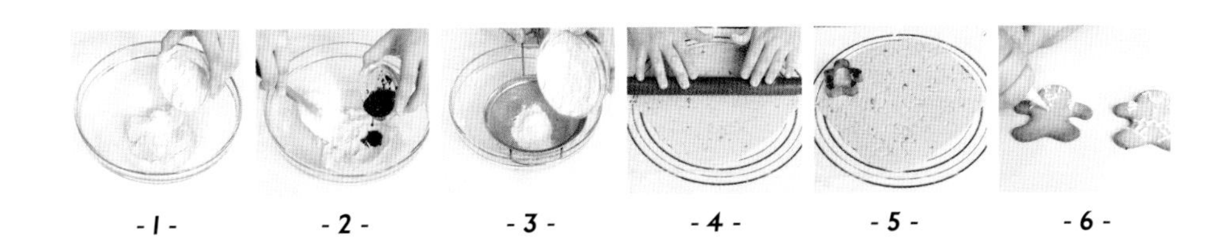

-1- -2- -3- -4- -5- -6-

芝麻蛋卷

准备材料

鸡蛋 3 个

盐 2 克

黄油 90 克

细砂糖 90 克

低筋面粉 90 克

黑芝麻适量

扫码看视频

制作步骤

制作蛋糊

1. 将黄油、盐、细砂糖倒入大碗中，搅拌均匀。
2. 分次加入鸡蛋，并不停搅拌。
3. 放入低筋面粉、黑芝麻，搅拌至糊状，静置30分钟。

煎制

4. 往煎锅中倒入适量蛋糊，慢慢旋转煎锅，至蛋皮成形，翻面，煎至蛋皮熟透。
5. 关火，将蛋皮稍放凉后慢慢卷成卷，依次做完余下的蛋糊。
6. 把做好的蛋卷装入盘中即可。

- 1 -

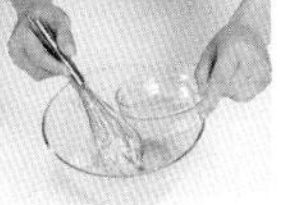

- 2 -

- 3 -

- 4 -

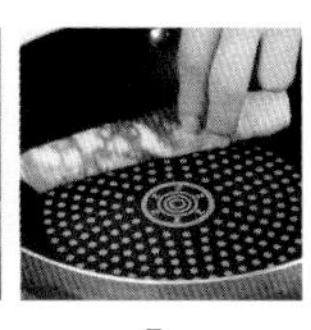

- 5 -

- 6 -

第3章

一吃就上瘾的蛋糕

蛋糕美味、精致，
让生活充满『小确幸』！
本章将为大家介绍用平底锅
制作造型精致、色彩缤纷、
口味多变的蛋糕的方法，
简单易学，新手也能一次就做成功，
让您轻松制作出自己喜欢的蛋糕。

咕咕霍夫蛋糕

准备材料

无盐黄油 125 克
全蛋液 55 克
低筋面粉 125 克
泡打粉 1 克
盐 1 克
牛奶 65 毫升
细砂糖 55 克

制作步骤

制作蛋糕糊

1. 将无盐黄油放入大玻璃碗中，用橡皮刮刀翻拌均匀。
2. 倒入细砂糖、盐，边倒边翻拌均匀。
3. 分次倒入全蛋液，翻拌均匀，再倒入牛奶，继续搅拌。
4. 将低筋面粉、泡打粉过筛至碗中，以橡皮刮刀翻拌成无干粉的面糊，制成蛋糕糊。

入模烘制

5. 取花形蛋糕模，倒入蛋糕糊。
6. 平底锅中放上蒸架，再放上蛋糕模，盖上锅盖，用小火烘约60分钟，取出脱模即可。

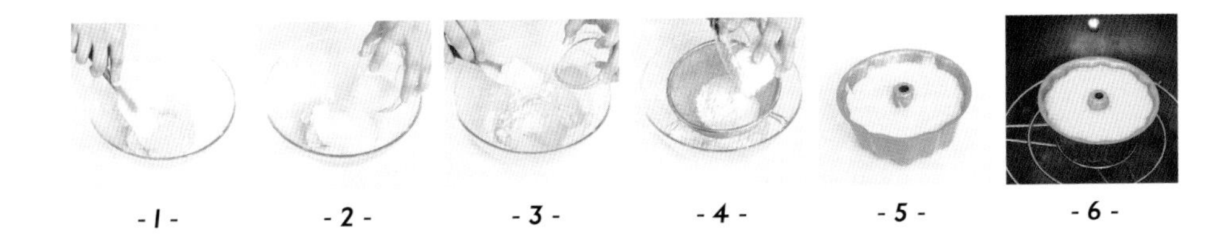

-1-　-2-　-3-　-4-　-5-　-6-

原味麦芬

准备材料

低筋面粉 95 克

无盐黄油 35 克

细砂糖 30 克

全蛋液 30 克

牛奶 8 毫升

泡打粉 1 克

橙皮丁 8 克

盐少许

制作步骤

制作蛋糕糊

1. 将无盐黄油、细砂糖倒入大玻璃碗中拌匀。
2. 倒入盐，翻拌均匀；分次倒入全蛋液拌匀。
3. 倒入牛奶，翻拌均匀；倒入橙皮丁。
4. 将泡打粉、低筋面粉过筛至碗中，用橡皮刮刀翻拌成无干粉的蛋糕糊。

入模煎制

5. 将蛋糕糊装入裱花袋中，用剪刀在尖端处剪一个小口。
6. 平底锅铺上高温布，放上圆形模具，往模具内挤入适量蛋糕糊，盖上锅盖，用小火煎约20分钟至熟，取出待凉后脱模即可。

奥利奥麦芬

准备材料

低筋面粉 100 克
无盐黄油 35 克
细砂糖 35 克
全蛋液 55 克
牛奶 8 毫升
酸奶 30 克
泡打粉 1 克
奥利奥饼干碎 20 克
防潮糖粉少许

制作步骤

制作蛋糕糊

1. 将无盐黄油、细砂糖倒入大玻璃碗中拌匀。
2. 分次加入全蛋液，边倒边搅拌；倒入酸奶拌匀；倒入牛奶拌匀；筛入低筋面粉、泡打粉。
3. 倒入奥利奥饼干碎，翻拌均匀，制成蛋糕糊。

入模煎制

4. 将蛋糕糊装入裱花袋，在尖端处剪个小口。
5. 平底锅铺上高温布，放上圆形模具，往模具内挤入适量蛋糕糊。
6. 盖上锅盖，用小火煎约20分钟至熟，取出待凉后脱模，筛上一层防潮糖粉即可。

咖啡水果蛋糕

准备材料

低筋面粉 100 克
细砂糖 45 克
温牛奶 35 毫升
全蛋液 25 克
无盐黄油 35 克
咖啡粉 3 克
苏打粉 2 克
泡打粉 1 克
打发的淡奶油 150 克
蓝莓少许
树莓少许
草莓少许
薄荷叶少许

制作步骤

制作咖啡奶液

1. 将温牛奶倒入咖啡粉中拌匀，制成咖啡牛奶液。

制作蛋糕糊

2. 将无盐黄油、细砂糖倒入大玻璃碗中拌匀，再倒入全蛋液、咖啡牛奶液，用电动搅拌器搅打均匀。
3. 将低筋面粉、苏打粉、泡打粉过筛至碗中，用橡皮刮刀翻拌成无干粉的蛋糕糊。

入模煎制

4. 将蛋糕糊装入裱花袋，在尖端处剪个小口。
5. 平底锅铺上高温布，放上圆形模具，往模具内挤入蛋糕糊，用小火煎约20分钟至熟，取出待凉后脱模，制成咖啡蛋糕。

组合装饰

6. 将咖啡蛋糕切成3片，取1片咖啡蛋糕放在转盘上，挤上一层打发的淡奶油，放上对半切的蓝莓。
7. 盖上第2片咖啡蛋糕，挤上打发的淡奶油，再放上蓝莓，盖上最后1片咖啡蛋糕，在蛋糕表面涂满打发的淡奶油，放上蓝莓、树莓、对半切开的草莓、薄荷叶做装饰即可。

黄油胚麦芬

准备材料

低筋面粉 100 克
牛奶 20 毫升
细砂糖 35 克
全蛋液 34 克
盐 1 克
无盐黄油 115 克
糖粉 60 克
薄荷叶少许

制作步骤

制作蛋糕糊

1. 将35克无盐黄油、细砂糖倒入大玻璃碗中拌匀，倒入全蛋液、盐、牛奶拌匀，筛入低筋面粉，用橡皮刮刀翻拌成无干粉的蛋糕糊。

入模煎制

2. 平底锅铺上高温布，放上圆形模具，往模具内倒入蛋糕糊，用小火煎20分钟至熟，取出待凉后脱模，制成麦芬蛋糕，切成3片。

组合装饰

3. 将80克无盐黄油、50克糖粉用电动搅拌器搅打成夹馅，涂抹于麦芬蛋糕之间，再挤上一层夹馅，放上薄荷叶装饰，筛上剩余的糖粉即可。

抹茶彩糖蛋糕

准备材料

细砂糖 50 克

牛奶 30 毫升

食用油 30 毫升

低筋面粉 55 克

抹茶粉 8 克

蛋黄 60 克

蛋白 75 克

彩糖适量

制作步骤

制作蛋糕糊

1. 将牛奶、15克细砂糖、25毫升食用油倒入大玻璃碗中拌匀，筛入低筋面粉、5克抹茶粉，倒入蛋黄拌匀，制成抹茶蛋黄糊。
2. 将蛋白倒入另一个大碗中，加入35克细砂糖，搅打至蛋白偏干性发泡，取1/3倒入抹茶蛋黄糊中拌匀，再倒回蛋白中拌匀成抹茶蛋糕糊。

煎制

3. 平底锅上抹上剩余的食用油加热，倒入抹茶蛋糕糊，用小火煎约6分钟，制成抹茶蛋糕，取出蛋糕，冷却后切成3个扇形，装入盘中，放上彩糖，撒上剩余的抹茶粉即可。

酒渍莓干蛋糕

准备材料

无盐黄油 90 克

全蛋液 120 克

细砂糖 45 克

低筋面粉 100 克

泡打粉 2 克

蔓越莓干 40 克

橙酒 6 毫升

浓缩橙汁 30 克

制作步骤

制作蛋糕糊

1. 将软化的无盐黄油倒入大玻璃碗中，用软刮翻拌均匀。
2. 倒入细砂糖，继续搅拌均匀；倒入全蛋液，快速搅拌至混合均匀。
3. 倒入橙酒、浓缩橙汁、蔓越莓干，拌至材料混合均匀。
4. 将低筋面粉、泡打粉过筛至碗中，搅拌成无干粉的蛋糕糊。

入模蒸制

5. 将蛋糕糊装入裱花袋中；取蛋糕模，挤入蛋糕糊至六分满，静置一会儿。
6. 平底锅中放上不锈钢蒸架，倒入适量清水，再将蛋糕模放在蒸架上，盖上锅盖，用中小火蒸约20分钟，取出脱模即可。

-1- -2- -3- -4- -5- -6-

草莓奶油蛋糕

准备材料

低筋面粉 20 克
全蛋 1 个
细砂糖 20 克
无盐黄油 10 克
草莓果酱 30 克
打发的淡奶油适量
防潮糖粉少许

制作步骤

制作蛋糕糊

1. 黄油隔水加热融化；将全蛋、细砂糖倒入大玻璃碗中，用电动搅拌器搅打至浓稠状，筛入低筋面粉拌匀。
2. 倒入黄油拌匀，制成蛋糕糊。

烘制

3. 取平底锅，倒入蛋糕糊，轻震几下，盖上锅盖，用小火烘约20分钟至熟。

装饰

4. 取出烤好的蛋糕，切成小块，倒回至平底锅中，再淋上草莓果酱。
5. 放上已打发的淡奶油，筛上防潮糖粉即可。

香橙蛋糕

准备材料

全蛋液 55 克
无盐黄油 50 克
细砂糖 60 克
低筋面粉 75 克
盐 1 克
泡打粉 1 克
浓缩橙汁 20 克
香橙（切片）适量

制作步骤

制作蛋糕糊

1. 将无盐黄油、细砂糖倒入大玻璃碗中拌匀。
2. 倒入盐、全蛋液拌匀；倒入浓缩橙汁拌匀。
3. 将低筋面粉、泡打粉均过筛至碗里，翻拌成无干粉的蛋糕糊。

入模煎制

4. 将蛋糕糊装入裱花袋，在尖端处剪个小口。
5. 平底锅铺上高温布，放上圆形模具，往模具内挤入适量蛋糕糊。
6. 放上香橙片，用小火煎约20分钟至熟，取出待凉后脱模，制成香橙蛋糕即可。

巧克力布朗尼

准备材料

巧克力块 150 克

无盐黄油 150 克

细砂糖 100 克

全蛋 3 个

牛奶 30 毫升

低筋面粉 150 克

泡打粉 3 克

苏打粉 2 克

核桃碎 60 克

制作步骤

融化巧克力和黄油

1. 将巧克力块放入小钢锅中，隔热水融化。
2. 倒入无盐黄油，搅拌至材料完全融化。

制作蛋糕糊

3. 将融化的巧克力和黄油倒入干净的大玻璃碗中，趁热倒入细砂糖，搅拌至细砂糖完全溶化，分3次倒入全蛋，每次均快速搅散。
4. 将低筋面粉、苏打粉、泡打粉过筛至碗中，翻拌至无干粉，倒入牛奶拌匀，制成蛋糕糊。

入模烘制

5. 取6寸方形蛋糕模具，倒入蛋糕糊，轻振几下排出气泡，再用橡皮刮刀将表面抹平，表面撒上一层核桃碎。
6. 平底锅中放上不锈钢架，将蛋糕模放在钢架上，盖上锅盖，用中小火烘约30分钟，取出脱模，食用时切成小块即可。

-1-

-2-

-3-

-4-

-5-

-6-

蜂蜜蛋糕

准备材料

全蛋液 100 克

细砂糖 45 克

盐 1 克

蜂蜜 10 克

牛奶 20 毫升

低筋面粉 65 克

草莓果酱适量

制作步骤

制作蛋糕糊

1. 将全蛋液、细砂糖、盐放入大玻璃碗中，用电动搅拌器搅打至发泡、有纹路。
2. 将牛奶倒入蜂蜜中拌匀，再倒入步骤1的大玻璃碗中搅打均匀；筛入低筋面粉，翻拌成无干粉的蛋糕糊。

入模蒸制

3. 模具中放入蛋糕纸杯，倒入蛋糕糊至九分满。
4. 平底锅中放上不锈钢架，倒入清水，将装有蛋糕糊的模具放在钢架上，用中小火蒸20分钟。

装饰

5. 取出蒸好的蛋糕，用草莓果酱点缀上图案即可。

巧克力冰盒蛋糕

准备材料

全蛋液 80 克
细砂糖 70 克
蜂蜜 12 克
酱油 4 毫升
味淋 4 毫升
低筋面粉 80 克
小苏打粉 2 克
淡奶油 150 克
可可粉 20 克
玉米片适量
彩针糖少许
食用油适量

制作步骤

制作蛋糕片

1. 依次将全蛋液、细砂糖、蜂蜜、酱油、味淋、低筋面粉倒入大碗中，拌匀成面糊。
2. 小苏打粉中加入25毫升清水拌匀，倒入面糊中拌匀，装入裱花袋里。
3. 将平底锅刷上油烧热，挤入面糊煎成蛋糕片，盛出，放凉后用圆形压模压出数个小圆片。可可粉中加入热水，拌匀成巧克力浆。

组合装饰

4. 淡奶油打发，倒入巧克力浆，拌匀成巧克力鲜奶油，装入裱花袋里，挤在玻璃杯底，放上一片蛋糕，挤上巧克力鲜奶油，放上玉米片，挤上巧克力鲜奶油，放上彩针糖作装饰即可。

可可千层蛋糕

准备材料

低筋面粉 200 克
全蛋液 100 克
牛奶 150 毫升
细砂糖 35 克
可可粉 4 克
无盐黄油 25 克
泡打粉 2 克
防潮糖粉少许
草莓块少许
食用油少许

制作步骤

制作蛋糕糊

1. 黄油隔水加热融化；依次将全蛋液、细砂糖倒入大玻璃碗中，搅散，再倒入牛奶，继续搅拌均匀。
2. 将低筋面粉、泡打粉过筛至大玻璃碗中，搅拌至无干粉，倒入黄油拌匀。
3. 可可粉加适量温水，搅拌均匀，倒入大玻璃碗中，快速搅拌均匀，制成蛋糕糊。

煎制

4. 平底锅擦上食用油后加热，倒入蛋糕糊，晃动几下使之平整，煎至两面呈金黄色，盛出，依此法再煎出3张薄饼，贴在一起，制成千层蛋糕。

组合装饰

5. 将千层蛋糕对半切后叠在一起，再分切成4等份，装入盘中。
6. 将防潮糖粉过筛至千层蛋糕表面，放上草莓块装饰即可。

芒果千层蛋糕

准备材料

面糊

低筋面粉 100 克

牛奶 250 毫升

全蛋 2 个

细砂糖 30 克

无盐黄油 30 克

奶油夹馅

淡奶油 250 克

芒果 180 克

吉利丁片 8 克

扫码看视频

制作步骤

制作面糊

1. 将全蛋、细砂糖倒入大玻璃碗中拌匀，筛入低筋面粉，拌至无干粉状态，倒入隔热水融化的无盐黄油、牛奶，拌匀成面糊，过筛至另一玻璃碗中。

煎制

2. 平底锅中倒入面糊，用中小火煎至定形，制成面皮，按照相同的方法，煎完剩余面糊，盛出，用油纸盖住，晾凉至室温。

制作奶油夹馅

3. 将芒果去皮后削成片，装盘；将吉利丁片隔热水搅拌至融化，倒入部分淡奶油拌匀成吉利丁液。
4. 将剩余的淡奶油倒入干净的玻璃碗中，搅打至九分发，倒入吉利丁液，继续搅打一会儿。

组合

5. 将一片面皮放在平底盘上，抹上打发的淡奶油，放上芒果片，再抹上打发的淡奶油，铺上面皮，按照此法完成制作，再冷藏30分钟即可。

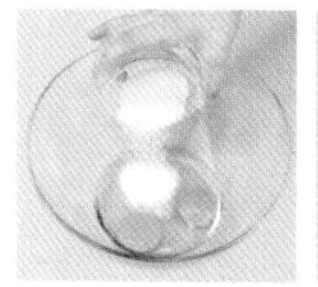

-1-

-2-

-3-

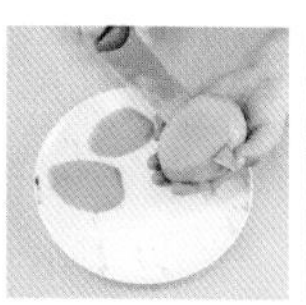

-4-

-5-

-6-

抹茶千层蛋糕

准备材料

低筋面粉 120 克

抹茶粉 5 克

细砂糖 50 克

无盐黄油 25 克

牛奶 300 毫升

全蛋 2 个

打发的淡奶油 350 克

芒果（切片）100 克

抹茶粉适量

水果适量

鲜花适量

制作步骤

制作面糊

1. 将低筋面粉、细砂糖及抹茶粉倒入大玻璃碗中拌匀，倒入全蛋拌匀，分3次倒入牛奶拌匀。
2. 黄油隔水加热至融化，倒入玻璃碗中，搅拌均匀，筛至另一个大玻璃碗中，制成面糊。

煎制

3. 平底锅中倒入适量面糊，用中小火煎成面皮，按照相同的方法，煎完剩余的面糊。
4. 将煎好的面皮盛出，用油纸盖住，放凉至室温。

整形

5. 用圆形慕斯圈按压面皮，去掉多余的边角。

组合

6. 将一片面皮放在平底盘上，再将平底盘放在转盘上，用抹刀将打发的淡奶油抹在面皮上。
7. 放上一层芒果片，抹上一层打发的淡奶油，铺上一片面皮。
8. 按照相同的顺序铺上面皮、打发的淡奶油、芒果片。
9. 盖上最后一片面皮，移入冰箱冷藏约30分钟，取出后撒上抹茶粉，装饰上水果和鲜花即可。

千层蛋糕

准备材料

牛奶 375 毫升

打发的鲜奶油适量

低筋面粉 150 克

鸡蛋 85 克

黄油 40 克

色拉油 10 毫升

细砂糖 25 克

扫码看视频

制作步骤

制作面糊

1. 将牛奶、细砂糖倒入大碗中，快速搅拌均匀，放入色拉油、鸡蛋，搅拌均匀。
2. 将黄油倒入碗中，继续搅拌。把低筋面粉过筛至碗中，拌匀，制成面糊。

煎制

3. 平底锅置于火上，锅中倒入适量面糊，小火煎至起泡。
4. 将面皮翻面，煎至两面呈焦黄色即成，依次将余下的面糊煎成面皮。

组合

5. 在案台上铺一张白纸，放上煎好的面皮，均匀地抹上一层鲜奶油。
6. 再放上第2张煎好的面皮，在面皮表面均匀地抹上一层鲜奶油。
7. 依此将余下的面皮叠放整齐，制成千层蛋糕。
8. 用刀把千层蛋糕对半切开，将切好的蛋糕装入盘中即可。（※可以在千层蛋糕的表面装饰上新鲜的水果和打发的鲜奶油。）

年轮蛋糕

准备材料

牛奶 120 毫升
低筋面粉 100 克
蛋白 2 个
蛋黄 2 个
色拉油 30 毫升
蜂蜜 10 克
细砂糖 25 克
草莓适量

制作步骤

制作面糊

1. 将牛奶、色拉油、蛋黄倒入大碗中拌匀，筛入低筋面粉拌匀，制成蛋黄部分。
2. 另取一个碗，倒入细砂糖、蛋白、蜂蜜，用电动搅拌器打发至鸡尾状，倒入蛋黄部分中，拌匀成面糊。

煎制

3. 平底锅置于火上，倒入面糊，用小火煎至两面熟透，盛出，以此方法煎3块蛋糕。

整形

4. 蛋糕表面刷上蜂蜜，用筷子将蛋糕卷成卷，再逐一卷上余下两块抹有蜂蜜的蛋糕，抽去筷子，再将蛋糕切成段，装饰上草莓即可。

抹茶年轮蛋糕

准备材料

牛奶 120 毫升
低筋面粉 100 克
细砂糖 25 克
抹茶粉 10 克
蛋白 2 个
蛋黄 2 个
色拉油 30 毫升
糖粉适量
蜂蜜适量
草莓适量

制作步骤

制作面糊

1. 将蛋黄、牛奶、色拉油倒入大碗中拌匀，筛入低筋面粉、抹茶粉拌匀，制成蛋黄部分。
2. 另取一个碗，倒入蛋白、细砂糖，用电动搅拌器打发至鸡尾状，倒入蛋黄部分中，拌匀成面糊。

煎制

3. 平底锅置于火上，倒入面糊，用小火煎至表面起泡，翻面，煎至两面熟透，盛出，以此方法煎3块蛋糕。

整形

4. 蛋糕表面刷上蜂蜜，用筷子将蛋糕卷成卷，再逐一卷上余下两块抹有蜂蜜的蛋糕，抽去筷子，再将蛋糕切成段，筛上糖粉，装饰上草莓即可。

第4章

松软可口的面包

本章介绍了许多用平底锅就能制作的高人气面包食谱，可以从中选择自己喜爱的面包，自己动手轻松学！

the new volume has received
widespread praise in the Uni
States but critics in Engl
of the man and his
Instead memers of Greene's
family are furious that Mr.
who had exclusive access to

蛋烤法棍面包

准备材料

柳橙汁 1 杯

柠檬汁少许

细白糖 80 克

鲜奶油 100 克

玉米粉 2 小勺

水 2 小勺

牛奶 100 毫升

柳橙皮 1/2 个

法棍面包 1/2 条

鸡蛋 2 个

砂糖 40 克

糖粉适量

无糖酸奶适量

柳橙适量

黄油适量

制作步骤

煎烤面包

1. 把鸡蛋、砂糖、牛奶和鲜奶油放进搅拌盆，用打蛋器搅拌均匀。
2. 法棍面包切成约2厘米宽，放进搅拌盆中，浸泡30分钟（泡软），浸泡期间要不时上下翻面。
3. 在平底锅上涂抹一层薄薄的黄油，放入浸泡好的面包，煎烤20分钟。

制作柳橙酱汁

4. 把柳橙汁、细白糖下锅加热，待细白糖溶化后加入小块黄油。
5. 玉米粉和水混合后加入，使酱汁变浓稠；加入柳橙皮，挤入柠檬汁，制成柳橙酱汁。

组合装饰

6. 柳橙去皮，剥出果肉，切丁备用。
7. 取出烤好的面包，淋上无糖酸奶，撒上柳橙丁，淋柳橙酱汁，撒上糖粉即可。

辫子面包

准备材料

高筋面粉 170 克

酵母粉 2 克

细砂糖 15 克

盐 3 克

全蛋液 15 克

食用油 15 毫升

清水 90 毫升

蛋黄液 10 克

制作步骤

制作面团

1. 将高筋面粉、酵母粉、细砂糖、盐、全蛋液、清水、食用油混合均匀，揉搓成面团。
2. 取出面团放在操作台上继续揉搓至光滑。

发酵

3. 将揉好的面团盖上保鲜膜，静置发酵至体积2倍大。

整形

4. 取出面团，分切成3等份，将小面团捏成球形，再滚圆，擀成薄面皮，再搓成长圆柱形。
5. 将3条长圆柱的一端搭在一起，呈放射状，将另一端编成辫子状，再让其首尾相连，使其成圈，制成辫子面团，表面刷上蛋黄液。

煎制

6. 平底锅铺上高温布，放上辫子面团，先静置50分钟，再用中小火煎约20分钟至上色，翻面，继续煎约10分钟至上色即可。

-1-

-2-

-3-

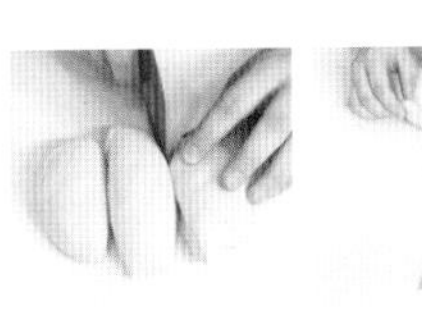

-4-

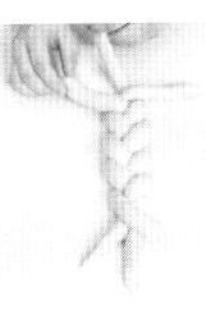

-5-

-6-

香果花生吐司

准备材料

吐司 2 片

开心果 20 克

杏仁 20 克

糖粉 30 克

花生酱 60 克

无盐黄油 40 克

淡奶油适量

蓝莓少许

制作步骤

制作坚果碎及花生果酱

1. 将开心果、杏仁混合在一起，切碎。
2. 将花生酱、无盐黄油倒入大玻璃碗中，加入糖粉，用橡皮刮刀翻拌至无干粉。
3. 倒入淡奶油，用电动搅拌器将材料搅打至发泡，制成花生果酱。

煎吐司

4. 平底锅加热，放入吐司煎至底面呈金黄色。
5. 将吐司翻面，继续煎至呈金黄色，依此法将另一片吐司煎好。

装饰

6. 用抹刀将花生果酱抹在2片吐司表面，抹平，放上坚果碎、蓝莓装饰即可。

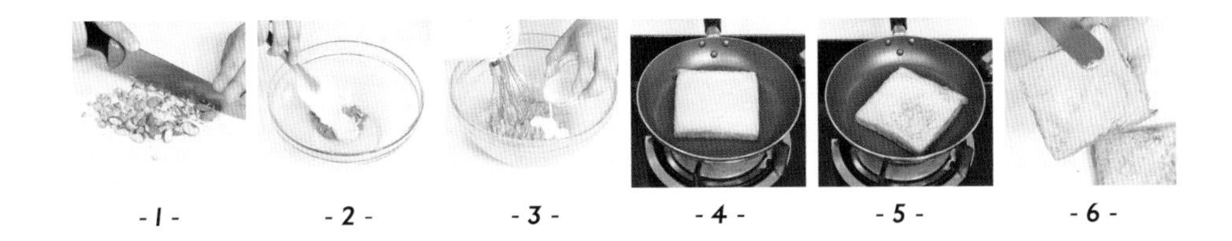

-1- -2- -3- -4- -5- -6-

黑巧克力面包

准备材料

高筋面粉 90 克

细砂糖 9 克

盐 1 克

可可粉 3 克

酵母粉 2 克

蛋黄液 9 克

淡奶油 12 克

清水 42 毫升

无盐黄油 8 克

炼乳适量

制作步骤

制作面团

1. 将高筋面粉、细砂糖、盐、可可粉、酵母粉、炼乳倒入大玻璃碗中，加入蛋黄液、淡奶油、清水，翻拌均匀，揉搓成面团。
2. 取出面团，放入无盐黄油，继续揉搓至光滑。

发酵

3. 将面团裹上保鲜膜，静置发酵至体积2倍大。

整形煎制

4. 将面团分成3等份，捏成球形，再滚圆。
5. 平底锅铺上高温布，放上捏好的面团，先静置约30分钟，再用中小火煎约10分钟后取出即可。

法兰克福面包布丁

准备材料

吐司 4 片

全蛋液 120 克

蛋黄 70 克

牛奶 200 毫升

淡奶油 140 克

细砂糖 80 克

葡萄干 20 克

制作步骤

制作奶油蛋糊

1. 将全蛋液、蛋黄倒入大玻璃碗中，搅拌均匀。
2. 平底锅中倒入牛奶、细砂糖，边加热边搅拌，再倒入淡奶油拌匀，将锅中材料倒入大玻璃碗中，边倒边搅拌均匀，制成奶油蛋糊。

切吐司

3. 用切刀将吐司的四边切掉，再切成块。

入模煎制

4. 取四方形模具，用高温布垫底，倒入大玻璃碗中的奶油蛋糊，放上吐司块，撒上葡萄干；将四方形模具放入平底锅中，用中火煎约18分钟，取出面包布丁，脱模即可。

法式金砖

准备材料

厚吐司 2 片

无盐黄油 50 克

蓝莓 10 克

小金橘（对半切）1 个

细砂糖适量

炼乳少量

制作步骤

处理吐司

1. 用刀将厚吐司的四边切掉，再切成块，放入冰箱冷冻至变硬。黄油隔水加热融化。
2. 用刷子蘸上黄油，刷在吐司表面。
3. 再将吐司块裹上一层细砂糖，依照此法完成剩余吐司块的制作。

煎吐司

4. 平底锅置于火上加热，放入吐司块，用中火煎一会儿，改小火慢煎至底面呈金黄色。
5. 翻面，将其余几个面均煎至呈金黄色，用筷子夹出煎好的吐司块，装入盘中。

装饰

6. 将炼乳装入裱花袋里，再来回挤在吐司块上，最后摆上小金橘、蓝莓装饰即可。

肉桂卷

准备材料

肉桂粉适量
鸡蛋 2 个
中筋面粉 250 克
黑糖适量
粗砂糖适量
酵母粉 5 克
牛奶 120 毫升
盐 1/2 小勺
干酪糖霜 90 克
砂糖 40 克
黄油适量
蛋黄液适量

制作步骤

制作面团

1. 中筋面粉、盐、砂糖、鸡蛋依次加入碗中搅拌均匀。
2. 将酵母粉和微温的牛奶混合搅拌后，倒入做法1的碗中，快速搅拌成团。
3. 把面团倒入盆中，开始揉面，直到面团不粘手为止，放入玻璃器皿中发酵至体积2倍大。

发酵和整形

4. 把发酵后的面团轻拍排气后，取出放在操作台上，均分为2个相同的小面团，盖上保鲜膜，静置10分钟。
5. 分别把2个小面团擀成长方形，均匀撒上肉桂粉及黑糖，卷起后切成6～8小段。
6. 放入已抹上一层黄油的平底锅中，每卷间隔1厘米，再次发酵至面团膨胀至满锅。

烘烤

7. 将平底锅置于火上，在发酵好的面团表面涂上薄薄的蛋黄液，撒上粗砂糖，烘烤18～20分钟，取出后放凉约10分钟，再抹上干酪糖霜即可。

全麦牛奶司康

准备材料

葡萄干 40 克
高筋面粉 100 克
全麦面粉 70 克
泡打粉 3 克
盐 2 克
细砂糖 8 克
牛奶 100 毫升
蛋液适量

制作步骤

制作面团

1. 将高筋面粉、全麦面粉、泡打粉、盐、细砂糖倒入大玻璃碗中拌匀，倒入牛奶，以橡皮刮刀翻拌均匀至无干粉，揉搓成面团。

整形和发酵

2. 取出面团，放上葡萄干，用叠压的方式将葡萄干包裹起来，包上保鲜膜后冷藏1小时。
3. 取出冷藏好的面团，分切成大小一致的4块。

煎制

4. 平底锅铺上高温布，放上面团，表面刷蛋液。
5. 用中小火煎约10分钟，翻面，用小火继续煎约5分钟即可。

水果比萨

准备材料

高筋面粉 120 克
酵母粉 2 克
盐 1 克
苹果（切片）50 克
芒果（切丁）50 克
橘子瓣 30 克
食用油适量
蜂蜜少许
开心果碎少许
清水 80 毫升

制作步骤

制作面团

1. 往酵母粉中倒入40毫升清水，拌匀成酵母水。
2. 将高筋面粉倒入大玻璃碗中，加入酵母水、40毫升清水、盐，翻拌成无干粉的面团。

发酵和整形

3. 将面团揉搓至光滑，盖上保鲜膜，发酵30分钟。
4. 取出面团，用擀面杖擀成厚薄一致的面皮。

煎制

5. 平底锅中注油烧热，倒入苹果、芒果、橘子翻炒上色，盛出；将面皮铺在平底锅上，铺上水果，用小火煎出香味，继续用小火煎至底部上色，装盘，挤上蜂蜜，撒上开心果碎即可。

美味甜甜圈

准备材料

高筋面粉 250 克
奶粉 10 克
细砂糖 50 克
酵母粉 2 克
盐 3 克
鸡蛋 12 克
水 145 毫升
橄榄油 25 毫升
糖粉适量
食用油适量

扫码看视频

制作步骤

制作面团

1. 将高筋面粉、奶粉、细砂糖、酵母粉搅匀。
2. 放入鸡蛋、水、盐和橄榄油拌匀成团，取出面团，放在操作台上，继续揉成光滑的面团。

发酵

3. 将面团放入盆中发酵20分钟，取出面团，分成2等份，揉圆，表面喷水，松弛10~15分钟。

整形

4. 分别把2个面团擀成长圆形，由较长的一边开始卷起成圆筒状。
5. 将圆筒状面团的一端搓尖，另一端往外推压变薄，面团尖端放置于压薄处，捏紧收口，放在烤盘中，静置50分钟。

炸制

6. 平底锅中放入食用油，烧热后放入面团，炸至表面呈金黄色，出锅晾凉，在表面撒糖粉装饰即可。

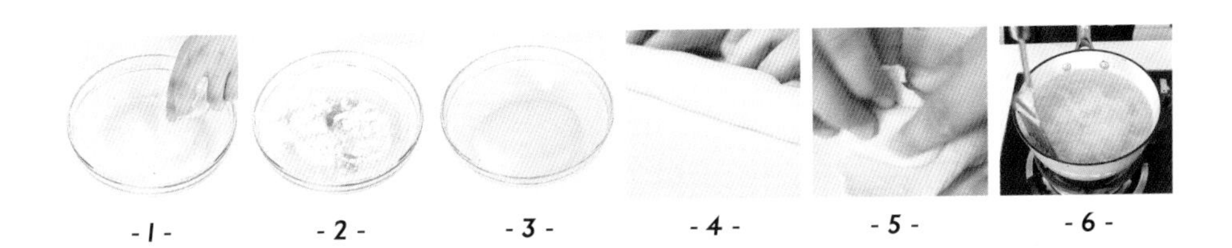

-1- -2- -3- -4- -5- -6-

第5章

百变香酥的挞&派

香酥的派皮，浓郁的馅料，
既像奶酪蛋糕又像冰激凌。
多变的口感令人回味无穷。
快来试着动手做一做吧！
简单精致的挞&派，
是甜点中不可错过的美味，
你值得拥有！

香甜苹果派

准备材料

派皮

低筋面粉 160 克

黄油 80 克

白糖 50 克

蛋液 55 克

派馅

牛奶 120 毫升

淡奶油 180 克

白糖 50 克

蛋黄 2 个

低筋面粉 45 克

玉米淀粉 45 克

黄油适量

其他

苹果 2 个

盐水适量

黄油适量

糖粉适量

制作步骤

制作派皮面团

1. 将面粉筛入盆内，放入黄油，用手搓成屑状。
2. 放入白糖搓匀，倒入蛋液，轻轻捏成团，不要过分揉捏，放入冰箱冷藏松弛15分钟。

处理苹果

3. 苹果去皮，对半切开，去核，切成薄片，放入淡盐水中浸泡，取出后用纸吸干水分。

制作馅料

4. 馅料中除玉米淀粉以外的所有材料放入锅中，用小火加热并搅拌至无颗粒状。
5. 放入玉米淀粉，继续加热至浓稠的浆状后关火。

制作派皮

6. 取出派皮面团，上下各覆一张保鲜膜，用擀面杖将其擀成比派模大的薄片。
7. 派模涂上软化的黄油，揭掉保鲜膜，将其覆盖在派模上，用叉子在派皮底上扎眼儿。

烘烤

8. 平底锅中放上蒸架，放入派模，盖上锅盖，用小火烘烤15分钟，取出。
9. 把馅料放在烘烤好的派皮上，苹果片均匀地围圈铺在馅料上，放入平底锅中，盖上锅盖，烘烤20分钟，关火，取出烤好的派，撒上糖粉即可。

樱桃派

准备材料

派皮

低筋面粉 160 克

黄油 80 克

白糖 50 克

蛋液 55 克

派馅

牛奶 120 毫升

淡奶油 180 克

白糖 50 克

蛋黄 2 个

低筋面粉 45 克

玉米淀粉 45 克

樱桃适量

黄油适量

表面装饰

糖粉适量

制作步骤

制作派皮面团

1. 将面粉筛入盆内，放入黄油，用手搓成屑状。
2. 放入白糖搓匀，倒入蛋液，轻轻捏成团，不要过分揉捏，放入冰箱冷藏松弛15分钟。

处理樱桃

3. 樱桃对半切开，去核。

制作派馅

4. 派馅中除玉米淀粉以外的所有材料放入平底锅中，用小火加热并搅拌至无颗粒状。
5. 放入玉米淀粉，继续加热至浓稠浆状后关火，放凉后加入樱桃拌匀，制成派馅。

制作派皮

6. 取出派皮面团，上下各覆一张保鲜膜，用擀面杖将其擀成比派模大的薄片。
7. 派模涂上软化的黄油，揭掉保鲜膜，将其覆盖在派模上，用叉子在派皮底上扎眼儿。

烘烤

8. 平底锅中放上蒸架，放入派模，盖上锅盖，用小火烘烤15分钟，取出。
9. 把馅料放入派皮上，用手压实，放入平底锅中，盖上锅盖，烘烤20分钟，关火，取出烤好后的派，并撒上一层糖粉即可。

南瓜派

准备材料

派皮

芥花子油 30 毫升
枫糖浆 20 克
盐 0.5 克
杏仁粉 15 克
低筋面粉 60 克
泡打粉 2 克
苏打粉 2 克

派馅

南瓜 150 克
豆腐 100 克
盐 0.5 克
枫糖浆 22 克

装饰

打发的鲜奶油适量
肉桂粉少许

制作步骤

制作派皮面团

1. 将芥花子油、枫糖浆、盐倒入搅拌盆中，搅拌均匀，筛入杏仁粉、低筋面粉、泡打粉、苏打粉，翻拌成无干粉的面团。

制作派皮

2. 取出面团，放在铺有保鲜膜的料理台上，用擀面杖擀成厚度为4毫米的面皮。
3. 将面皮铺入派模中，压实，去掉派模边上多余的面皮，在面皮表面戳透气孔。

烘烤

4. 平底锅中放上蒸架，放入派模，盖上锅盖，用小火烘烤15分钟。

制作派馅

5. 将蒸熟的南瓜装入过滤网中，用橡皮刮刀按压，沥干水分，倒入搅拌机中，加入豆腐、盐、枫糖浆，搅打成泥，制成派馅。

组合

6. 派馅装入裱花袋中，在裱花袋尖端处剪一小口。
7. 取出烤好的派皮，挤入派馅至九分满，抹平、压实，将派切块。
8. 挤上打发的鲜奶油，撒上肉桂粉装饰即可。

红酒樱桃冰激凌派

准备材料

低筋面粉 200 克
牛奶 60 毫升
黄油 100 克
樱桃 100 克
白砂糖 5 克
清水适量
红酒 150 毫升
香草冰激凌适量

制作步骤

制作馅料

1. 将洗好的樱桃去核，切成两半。
2. 锅中注入适量清水，加入大部分红酒、樱桃拌匀。
3. 放入一半白砂糖拌匀，略煮片刻至食材入味，装入碗中，制成馅料。

制作派皮面团

4. 将低筋面粉倒在操作台上开窝，倒入剩余的白砂糖、牛奶拌匀。
5. 加入黄油，用手揉成光滑的面团。

冷藏

6. 面团包上保鲜膜，冷藏30分钟取出。

入模整形

7. 取一个派模，放上派皮，沿着模具边缘贴紧，切去多余的派皮；在面皮表面戳透气孔。

烘烤

8. 平底锅中放上蒸架，放入派模，盖上锅盖，用小火烘烤15分钟取出。
9. 加入馅料，放上几条切成条的派皮，将派模重新放入平底锅中，盖上锅盖，烘烤10分钟，关火，脱模后切成小块，放上香草冰激凌即可。

草莓挞

准备材料

挞皮

低筋面粉 85 克

高筋面粉 36 克

无盐黄油 55 克

白油 36 克

细砂糖 6 克

盐 3 克

冰水 36 毫升

挞馅

草莓果酱 3 克

淡奶油 100 克

细砂糖 50 克

草莓块适量

制作步骤

制作挞皮面团

1. 将冰水、盐、细砂糖拌匀，制成冰糖水。
2. 将高筋面粉和低筋面粉过筛至操作台上开窝，放上无盐黄油和白油拌匀，再用手揉匀，倒入冰糖水和匀，揉搓成光滑的面团，用保鲜膜包裹住，放入冰箱冷藏30分钟。

入模烘烤

3. 挞模内刷上黄油，撒上低筋面粉。
4. 将面团分成25克一个的小面团，放入挞模内按压至贴紧边缘；平底锅中放上蒸架，放入挞模，盖上锅盖，用小火烘烤15分钟。

制作挞馅

5. 将淡奶油装入大玻璃碗中，放入细砂糖，用电动搅拌器搅打至九分发，放入草莓果酱拌匀，制成挞馅，装入裱花袋中，用剪刀在裱花袋尖端处剪个小口。
6. 将挞馅挤入烤好的挞皮中，装饰上草莓块即可。

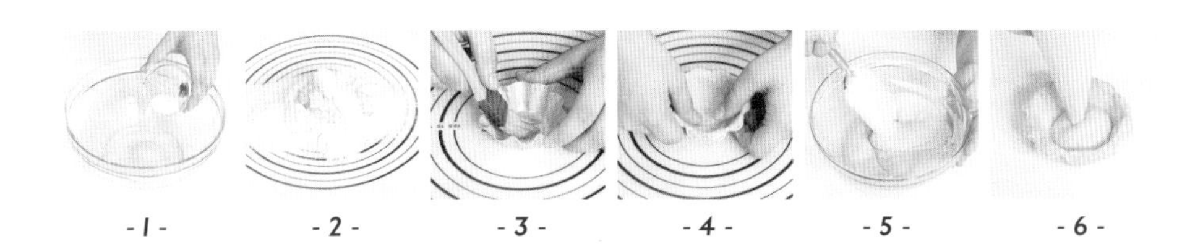

-1-　-2-　-3-　-4-　-5-　-6-

焦糖坚果挞

准备材料

无盐黄油 40 克
细砂糖 40 克
盐 1 克
全蛋液 12 克
低筋面粉 50 克
夏威夷果 15 克
杏仁 15 克
核桃 10 克
淡奶油 15 克
蜂蜜 15 克

制作步骤

制作挞皮面团

1. 依次将融化的25克无盐黄油、25克细砂糖、盐倒入大玻璃碗中，用橡皮刮刀翻拌均匀。
2. 分2次加入全蛋液，边倒边搅拌均匀，筛入低筋面粉，翻拌至无干粉，揉搓成面团。

整形

3. 将面团擀成厚薄一致的面皮，用圆形模具在面皮上按压出数个挞皮坯。

煎制挞皮

4. 平底锅垫上高温布，放上挞皮坯，用叉子在表面插上小孔，用小火煎10分钟，制成挞皮。

炒制焦糖坚果

5. 另起平底锅加热，倒入淡奶油、15克细砂糖、蜂蜜、15克无盐黄油，翻拌均匀。
6. 倒入核桃、杏仁、夏威夷果，翻拌均匀制成馅，放在煎好的挞皮上即可。

-1-

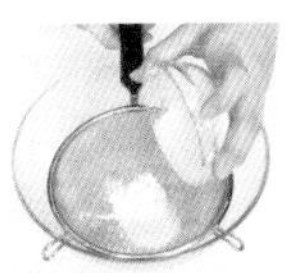
-2-

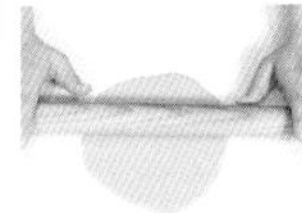
-3-

-4-

-5-

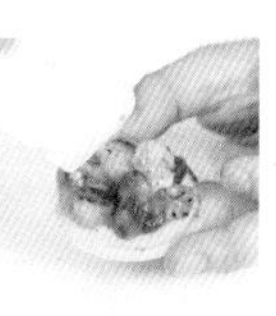
-6-

流心芝士挞

准备材料

挞皮

无盐黄油 60 克

细砂糖 25 克

蛋黄 1 个

清水 5 毫升

低筋面粉 100 克

内馅

奶油奶酪 100 克

炼乳 15 克

细砂糖 25 克

淡奶油 60 克

柠檬汁 3 毫升

玉米淀粉 3 克

蛋黄液少许

制作步骤

制作挞皮面团

1. 将无盐黄油、细砂糖、蛋黄、清水放入大玻璃碗中拌匀，筛入低筋面粉，拌成面团。

入模整形

2. 将面团分成4等份后分别放进挞模内，使面团紧贴模具内壁，用叉子在挞皮坯上插上几排孔。

制作内馅

3. 将奶油奶酪装入碗中，用电动搅拌器搅打出纹路。
4. 倒入炼乳、细砂糖及淡奶油，用电动搅拌器搅打均匀，倒入柠檬汁、玉米淀粉拌匀成内馅。

烘烤

5. 平底锅中放上蒸架，放入挞模，盖上锅盖，用小火烘烤15分钟，取出。将内馅装入裱花袋中，用剪刀在裱花袋尖端处剪一个小口，挤在烤好的挞皮上。
6. 在挞表面刷上蛋黄液，平底锅中放上蒸架，放入挞模，盖上锅盖，小火烘烤15分钟即可。

-1-

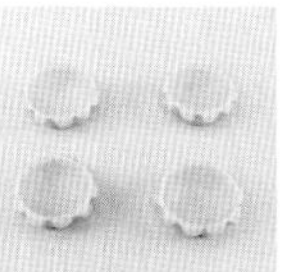
-2-

-3-

-4-

-5-

-6-

第6章

梦幻的薄饼&松饼

薄饼&松饼既可当点心也可作主食，
可以在早餐、下午茶等不同的时间享用，
制作简单，只需要一个平底锅就能搞定！
本章教你轻松愉快地做薄饼&松饼，
花样多且味道美，材料简单又健康，
快和家人一起度过
手作甜点的美好『食』光吧！

可丽饼

准备材料

黄油 15 克

白砂糖 8 克

盐 1 克

低筋面粉 100 克

鲜奶 250 毫升

鸡蛋 3 个

打发的鲜奶油适量

草莓适量

蓝莓适量

黑巧克力液适量

扫码看视频

制作步骤

制作面糊

1. 将鸡蛋、白砂糖倒入碗中，放入鲜奶、盐、黄油，搅拌均匀。
2. 将低筋面粉过筛至碗中，搅拌均匀，呈糊状，放入冰箱，冷藏30分钟。

煎制

3. 平底锅置于火炉上，倒入面糊，煎约30秒至呈金黄色。
4. 煎成饼状，折两折，装入盘中，依次将剩余的面糊煎成面饼，装入盘中。

装饰

5. 将花嘴模具装入裱花袋中，把裱花袋尖端部位剪开，倒入打发的鲜奶油。
6. 在每一层面饼上挤入打发的鲜奶油，再往盘子两边挤上打发的鲜奶油，摆放上草莓，撒入适量的蓝莓，在面饼上快速挤上黑巧克力液即可。

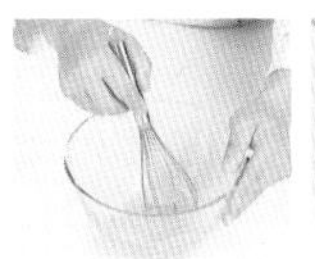

-1-

-2-

-3-

-4-

-5-

-6-

缤纷水果酸奶薄饼

准备材料

全蛋液 45 克

牛奶 20 毫升

细砂糖 10 克

老酸奶 35 克

低筋面粉 55 克

无盐黄油 8 克

芒果丁 30 克

草莓丁 30 克

草莓（对半切）2 个

清水 50 毫升

制作步骤

制作面糊

1. 依次将全蛋液、细砂糖、20克老酸奶、清水倒入大玻璃碗中，搅拌均匀。
2. 将低筋面粉过筛至碗中，搅拌至无干粉，制成面糊。黄油隔水加热融化。

制作水果馅

3. 将芒果丁、草莓丁装入小玻璃碗中，倒入10克老酸奶，拌匀，制成水果馅。

煎制

4. 平底锅擦上少许黄油加热，倒入面糊使之呈圆片状，用中小火煎至上色，制成薄饼。
5. 将水果馅倒在薄饼上，再将薄饼折成三角形，包住水果馅，继续煎一小会儿。

装饰

6. 盛出后装在盘中，在饼上切十字刀后往外翻起，淋上5克老酸奶，放上对半切的草莓作装饰即可。

-1-

-2-

-3-

-4-

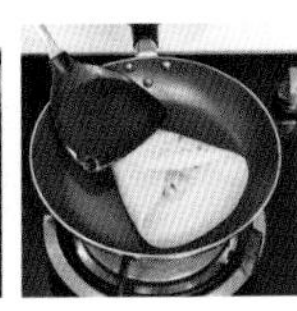

-5-

-6-

蜂蜜芝麻薄饼

准备材料

全蛋液 40 克
牛奶 40 毫升
细砂糖 5 克
低筋面粉 35 克
黑芝麻粉 15 克
无盐黄油 25 克
黑芝麻 15 克
蜂蜜 30 克
橙酒 5 毫升
核桃碎适量
柠檬 1 片
清水 100 毫升

制作步骤

制作面糊

1. 将全蛋液、牛奶、细砂糖、清水倒入大玻璃碗中拌匀，筛入低筋面粉、黑芝麻粉拌匀，放入隔热水融化的15克无盐黄油拌匀成薄饼面糊。

煎制

2. 平底锅擦上2克黄油加热，倒入薄饼面糊，用中小火煎至上色，折成三角形，即成薄饼，盛出装盘。

制作芝麻酱

3. 平底锅加热，倒入黑芝麻、8克无盐黄油炒匀，盛入玻璃碗中，加入蜂蜜、橙酒拌匀成芝麻酱。

装饰

4. 将芝麻酱淋在薄饼上，放上核桃碎、柠檬片即可。

薄饼奶油卷

准备材料

低筋面粉 25 克
全蛋液 80 克
牛奶 80 毫升
细砂糖 23 克
玉米淀粉 15 克
无盐黄油 5 克
打发的淡奶油 150 克

制作步骤

制作面糊

1. 将全蛋液、细砂糖装入干净的大玻璃碗中搅拌至出现泡沫状，筛入低筋面粉、玉米淀粉拌匀。
2. 倒入事先隔热水融化的无盐黄油，搅拌均匀；倒入牛奶，搅拌均匀，即成面糊。

冷藏

3. 盖上保鲜膜，放入冰箱冷藏30分钟，取出冷藏好的面糊，再过筛至干净的玻璃碗中。

煎制

4. 取适量面糊倒入平底锅中，煎至成形，翻面，煎熟后盛出，按照相同方法煎完剩余面糊；取一片面饼，涂抹上打发的淡奶油，再卷成卷即可。

樱桃奶油卷

准备材料

低筋面粉 25 克

全蛋液 80 克

牛奶 80 毫升

细砂糖 23 克

玉米淀粉 15 克

无盐黄油 5 克

打发的淡奶油 150 克

罐头樱桃（切丁）30 克

制作步骤

制作面糊

1. 将全蛋液、细砂糖装入干净的大玻璃碗中，用手动打蛋器搅拌至混合均匀。
2. 将低筋面粉、玉米淀粉过筛至碗中，用手动打蛋器快速搅拌均匀。
3. 倒入事先隔热水融化的无盐黄油，搅拌均匀，倒入牛奶，搅拌均匀，即成面糊。

冷藏

4. 给面糊盖上保鲜膜，放入冰箱冷藏约30分钟。
5. 取出冷藏好的面糊，再过筛至干净的玻璃碗中。

煎制

6. 取适量面糊倒入平底锅中，用小火煎至成形。
7. 翻一面，再稍稍煎一小会儿，盛出煎好的面饼，按照相同的方法，煎完剩余的面糊。

组合

8. 取一片面饼，均匀地涂抹上适量打发的淡奶油。
9. 均匀地撒上一层樱桃丁，再卷成卷。
10. 另取一片面饼，涂上打发的淡奶油，撒上樱桃丁。
11. 再放上做法9的樱桃奶油卷，继续卷成卷，切成段，装盘即可。

牛奶煎饼

准备材料

鸡蛋 2 个

奶粉 10 克

低筋面粉 75 克

食用油适量

扫码看视频

制作步骤

制作面糊

1. 将鸡蛋打开，取蛋清装入碗中，用打蛋器快速拌匀，搅散，至蛋清变成白色。
2. 碗中放入奶粉，搅拌均匀，撒上备好的低筋面粉，顺一个方向，搅拌片刻，至面糊起筋。
3. 注入少许食用油搅匀，至材料呈米黄色，制成面糊，待用。

煎制

4. 煎锅中注入适量食用油，烧至三成热，倒入面糊，摊开，铺匀。
5. 用小火煎成饼形，至散发出焦香味，翻转面饼，再煎片刻，至两面熟透。
6. 关火后盛出煎好的牛奶薄饼，装在盘中即可。

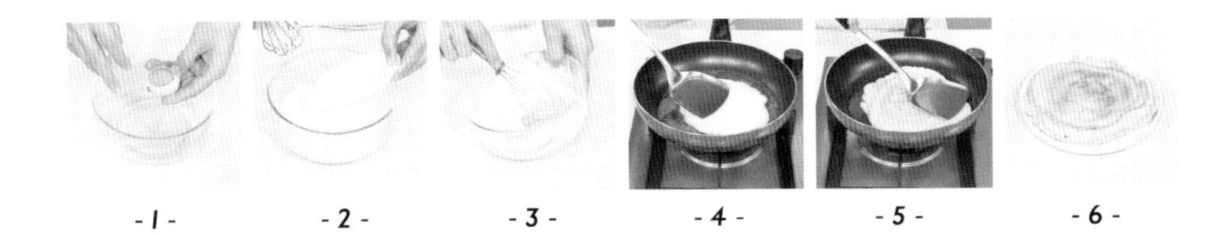

-1- -2- -3- -4- -5- -6-

香蕉鸡蛋饼

准备材料

香蕉 1 根

鸡蛋 2 个

面粉 80 克

白糖适量

食用油适量

制作步骤

制作香蕉蛋糊

1. 将鸡蛋打入碗中。
2. 香蕉去皮，把香蕉肉压烂，剁成泥。
3. 把香蕉泥放入鸡蛋中，加入白糖，用筷子打散，拌匀。
4. 加入适量面粉，搅拌均匀，制成香蕉蛋糊。

煎制

5. 热锅注油，倒入香蕉蛋糊，小火煎1分钟至成形，翻面，煎约2分钟至熟，盛出。

分切

6. 用刀将蛋饼切成数等份的小块，装入盘中即可。

草莓蛋白饼

准备材料

蛋白 45 克

细砂糖 15 克

糖粉 40 克

低筋面粉 50 克

草莓果酱适量

切片草莓适量

制作步骤

制作面糊

1. 将蛋白、细砂糖倒入大玻璃碗中，用电动搅拌器搅打至发泡，筛入低筋面粉、糖粉拌匀成面糊。

入模煎制

2. 将面糊装入裱花袋，在裱花袋尖角处剪一小口。
3. 平底锅垫上高温布，放上圆形模具，往模具内挤入面糊，煎至面糊定形；脱模，盖上锅盖，改小火煎3分钟；翻面，撤走高温布，煎1分钟，取出蛋白饼。依此法煎完剩余的面糊。

装饰

4. 用抹刀将草莓果酱抹在蛋白饼上，再盖上另一块蛋白饼，装饰上切片草莓即可。

草莓夹心卷

准备材料

低筋面粉 25 克

全蛋液 80 克

牛奶 80 毫升

细砂糖 23 克

玉米淀粉 15 克

无盐黄油 5 克

打发的淡奶油 150 克

草莓丁 30 克

制作步骤

制作面糊

1. 将全蛋液、细砂糖装入干净的大玻璃碗中，用手动打蛋器搅拌至混合均匀。
2. 将低筋面粉、玉米淀粉过筛至碗中，用手动打蛋器快速搅拌均匀。
3. 倒入事先隔热水融化的无盐黄油，搅拌均匀。
4. 倒入牛奶，搅拌均匀，即成面糊。

冷藏

5. 盖上保鲜膜，放入冰箱冷藏约30分钟。
6. 取出冷藏好的面糊，再过筛至干净的玻璃碗中。

煎制

7. 取适量面糊倒入平底锅中，用小火煎至成形。
8. 翻面，再稍稍煎一小会儿，盛出煎好的面饼。按照相同方法，煎完剩余面糊。

组合

9. 取一片面饼，均匀地涂抹上适量打发的淡奶油。
10. 均匀地撒上一层草莓丁，再对折两次，制成草莓夹心卷即可。

枫糖松饼

准备材料

鸡蛋 30 克

牛奶 120 毫升

低筋面粉 140 克

无盐黄油 15 克

泡打粉 1.5 克

树莓、蓝莓、烤杏仁片、

薄荷叶各少许

细砂糖 40 克

枫糖浆 50 克

橄榄油少许

制作步骤

制作松饼糊

1. 将鸡蛋、牛奶、细砂糖倒入大玻璃碗中，搅散。
2. 将低筋面粉过筛至碗里，用软刮翻拌成无干粉的面糊。
3. 将泡打粉倒入隔热水融化的无盐黄油里，搅拌均匀。
4. 将拌匀的无盐黄油倒入面糊里，继续搅拌均匀，制成松饼糊。

煎制

5. 在平底锅内刷上少许橄榄油后加热。
6. 倒入适量松饼糊，用中火煎约1分钟至定形。
7. 翻面，再改小火煎约1分钟至底部呈金黄色，制成原味松饼，盛出，装盘。
8. 其余面糊按上述方法煎制成松饼。

装饰

9. 在松饼上淋上枫糖浆，点缀树莓、蓝莓、烤杏仁片、薄荷叶即可。

蜜红豆松饼

准备材料

鸡蛋 2 个

海藻糖 1 克

色拉油 23 克

低筋面粉 70 克

牛奶 30 克

泡打粉 1 克

蜜红豆 60 克

制作步骤

制作松饼糊

1. 将鸡蛋、海藻糖放入玻璃碗中，用电动搅拌器打发至起泡状态。
2. 将低筋面粉、泡打粉过筛至玻璃碗中，用手动打蛋器搅拌均匀。
3. 分次将色拉油、牛奶倒入玻璃碗中拌匀，制成松饼糊。
4. 用保鲜膜封住玻璃碗碗口，静置10分钟。

煎制

5. 用纸巾蘸适量色拉油，涂抹在煎锅表面，放入适量面糊，用小火煎2分钟，至松饼两面微焦。
6. 将一块煎好的松饼置于底部，放上蜜红豆，再叠上另一块松饼即可。

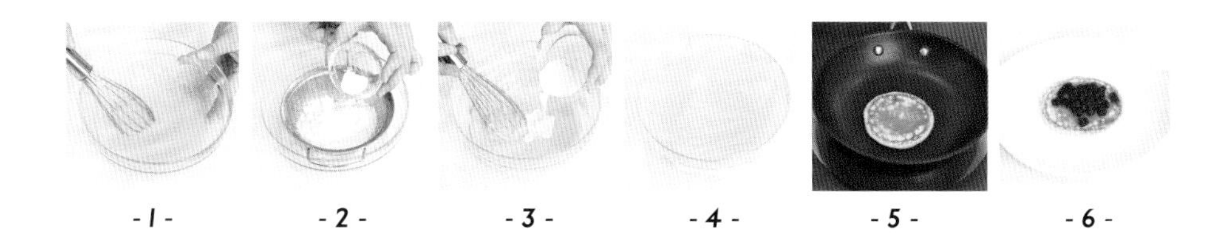

水果热松饼

准备材料

西柚 130 克

黄油 30 克

芒果 200 克

鸡蛋 2 个

低筋面粉 100 克

黄油 30 克

牛奶 70 毫升

制作步骤

处理水果

1. 洗净的西柚切开去皮，切成小块，待用。

2. 洗净的芒果切开去皮，取果肉，待用。

制作面糊

3. 将鸡蛋打在备好的盘中，搅打均匀。

4. 注入牛奶，搅拌均匀，倒入融化的黄油，搅拌均匀，筛入低筋面粉拌匀，制成面糊。

煎制

5. 平底锅烧热，倒入适量面糊。

6. 煎至表面起泡，翻面，煎至两面焦糖色盛出，装盘，在盘子旁边摆上切好的水果即可。

香蕉松饼

准备材料

香蕉 255 克

低筋面粉 280 克

鸡蛋 1 个

圣女果 30 克

泡打粉 3 克

牛奶 100 毫升

食用油适量

制作步骤

处理水果

1. 将一半香蕉去皮，切段，切碎，另一半香蕉切成段；洗净的圣女果对半切开。
2. 将香蕉段、圣女果摆入盘中，香蕉碎装入小碗。

制作面糊

3. 取一个碗，倒入低筋面粉、泡打粉、香蕉碎。
4. 倒入鸡蛋，淋入牛奶，搅拌均匀，制成面糊。

煎制

5. 平底锅内抹上一层食用油，倒入面糊，煎至定形后翻面，继续煎至两面呈金黄色。
6. 关火后将松饼盛出，装入摆有香蕉段、圣女果的盘中即可。

杂果蜂蜜松饼

准备材料

牛奶 120 毫升
细砂糖 53 克
低筋面粉 110 克
火龙果粒 15 克
蓝莓 10 克
草莓粒 10 克
全蛋液 30 克
蜂蜜 23 克
无盐黄油 15 克
泡打粉 1.5 克
打发的淡奶油适量
防潮糖粉少许
食用油少许

制作步骤

制作面糊

1. 将牛奶、全蛋液倒入大玻璃碗中拌匀，倒入细砂糖、蜂蜜拌匀。
2. 将低筋面粉、泡打粉过筛至碗中，搅拌均匀，倒入隔热水融化的无盐黄油，拌匀成面糊。

煎制

3. 平底锅擦上食用油后加热，倒入面糊，用中火煎至两面呈金黄色，即成蜂蜜松饼，盛出。

组合装饰

4. 将打发的淡奶油装入裱花袋，用画圈的方式由内往外挤在蜂蜜松饼上。
5. 在打发的淡奶油边缘上摆上火龙果粒、草莓粒、蓝莓，盖上另一块蜂蜜松饼，挤上打发的淡奶油，再摆上火龙果粒、草莓粒、蓝莓。
6. 盖上最后一块蜂蜜松饼，再放上火龙果粒、草莓粒、蓝莓做装饰，筛上一层防潮糖粉即可。

-1-

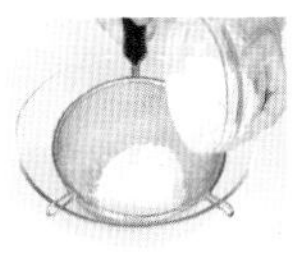
-2-

-3-

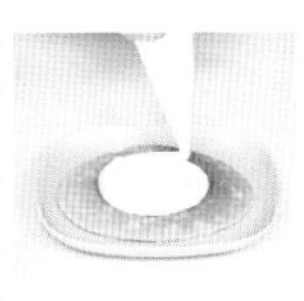
-4-

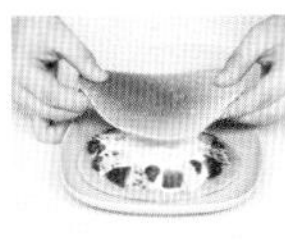
-5-

-6-

厚煎松饼

准备材料

高筋面粉 100 克

牛奶 120 毫升

鸡蛋 1 个

盐 1 克

无盐黄油 10 克

细砂糖 20 克

泡打粉 2 克

防潮糖粉少许

制作步骤

制作松饼糊

1. 将高筋面粉、盐、细砂糖倒入大玻璃碗中，用手动打蛋器搅拌均匀。
2. 将牛奶、鸡蛋倒入小玻璃碗中，用手动打蛋器搅散。
3. 往小玻璃碗中倒入泡打粉，快速搅拌均匀。
4. 将小玻璃碗中的材料倒入大玻璃碗中，快速将碗中材料拌匀成糊状。
5. 将无盐黄油隔热水融化后倒入碗中，快速搅拌均匀，制成松饼糊。

烘烤

6. 取出蛋糕模具，放入蛋糕纸杯，倒入松饼糊。
7. 平底锅中放上不锈钢架，将装有松饼糊的纸杯放在钢架上，盖上锅盖，用中小火烘约20分钟。
8. 取出烤好的松饼，脱去纸杯，装入盘中，筛上防潮糖粉即可。

花生松饼

准备材料

高筋面粉 100 克
鸡蛋 1 个
花生糊 65 克
泡打粉 2 克
细砂糖 20 克
无盐黄油 12 克
盐 1 克
草莓酱适量
橄榄油少许

制作步骤

制作松饼糊

1. 将高筋面粉、盐、细砂糖倒入大玻璃碗中搅匀，倒入泡打粉，继续搅拌均匀。
2. 将花生糊、鸡蛋倒入小玻璃碗中，用手动打蛋器搅拌均匀。
3. 将小玻璃碗中的材料倒入大玻璃碗中，用手动打蛋器快速将碗中材料搅拌成糊。
4. 往大玻璃碗中倒入事先隔热水融化的无盐黄油，快速搅拌均匀，制成松饼糊。

煎制

5. 平底锅中刷上少许橄榄油，用中火加热，往平底锅中舀入面糊，煎至一面成形。
6. 翻面，继续煎至成形，盛出切块后装入盘中，按照相同方法完成剩余面糊，佐以草莓酱食用即可。

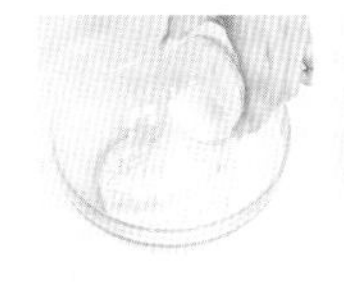
-1-

-2-

-3-

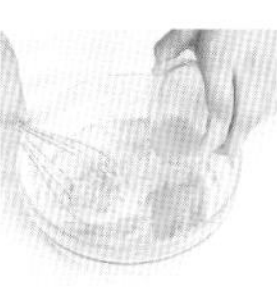
-4-

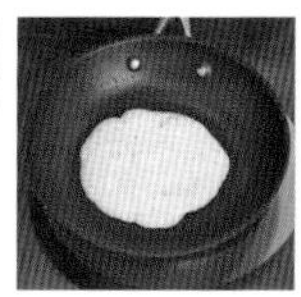
-5-

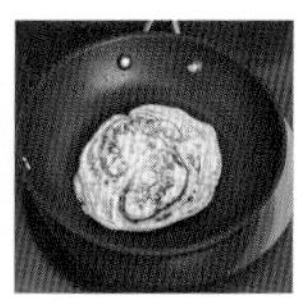
-6-

奶香玉米饼

准备材料

玉米粉 150 克

面粉 120 克

鸡蛋 1 个

牛奶 100 毫升

泡打粉、酵母各少许

白糖、食用油各适量

清水少许

扫码看视频

制作步骤

制作面糊

1. 将玉米粉、面粉放入大碗中，再倒入泡打粉、酵母，加入少许白糖，搅拌均匀。
2. 打入鸡蛋，拌匀，倒入牛奶，搅拌均匀，分次加入少许清水，搅拌均匀，使材料混合均匀，制成面糊。

发酵

3. 面糊上盖上湿毛巾静置约30分钟，使其发酵，取出，注入少许食用油，拌匀，备用。

煎制

4. 平底锅置于火上，刷上少许食用油烧热，转小火，将面糊做成数个小圆饼放入平底锅中。
5. 转中火煎出香味，晃动煎锅，翻转小面饼，用小火煎至两面熟透，关火后盛出煎好的面饼，装入盘中即可。

-1- -2- -3- -4- -5-

南瓜奶酪饼

准备材料

南瓜 120 克
土豆 70 克
鸡蛋 1 个
面粉 60 克
奶酪 20 克
白糖 8 克
食用油适量

扫码看视频

制作步骤

准备食材

1. 将去皮的土豆、南瓜切成片。
2. 鸡蛋打入碗中，取出蛋黄，装入碟中打散。
3. 奶酪放入碟中，用筷子将其夹散。

制作南瓜土豆泥

4. 把装有南瓜和土豆的碗放入烧开的蒸锅中，盖上锅盖，用中火蒸15分钟至熟软。
5. 揭盖，把蒸熟的南瓜和土豆取出，用刀把土豆和南瓜压碎，制成南瓜土豆泥。

制作面糊

6. 将南瓜土豆泥装入碗中，拌至成泥状，加入奶酪，搅拌至混合均匀。
7. 倒入蛋黄，快速搅匀，再放入部分面粉，加入白糖拌匀，再加入剩余面粉拌匀，制成面糊。

入模煎制

8. 平底锅中注入适量食用油，取适量面糊放入模具中，制成生饼坯。
9. 待油热后逐个放入生饼坯，用小火煎2分钟至成形，并且发出焦香味。
10. 翻面，继续用小火煎1分30秒至其熟透，把煎好的南瓜奶酪饼取出装盘即可。

铜锣烧

准备材料

低筋面粉 240 克

鸡蛋液 200 克

小苏打 3 克

水 6 毫升

牛奶 15 毫升

蜂蜜 60 克

色拉油 40 毫升

细砂糖 80 克

糖液适量

红豆馅 40 克

扫码看视频

制作步骤

制作面糊

1. 将水、牛奶、细砂糖倒入大碗中，加入色拉油、鸡蛋液、蜂蜜，搅拌均匀。
2. 将低筋面粉、小苏打过筛至大碗中，快速搅拌成面糊。

煎制

3. 平底锅置于火上，倒入适量面糊，用小火煎至起泡，翻面，煎熟盛出，依此法将余下的面糊煎成面皮。

组合

4. 取一块面皮，刷上适量糖液，放入适量红豆馅，盖上另一块面皮，制成红豆铜锣烧。
5. 依次将余下的面皮和红豆馅做成红豆铜锣烧，在铜锣烧表面再刷上适量糖液即可。

-1-　-2-　-3-　-4-　-5-

第7章

人人都爱的美味甜点

清爽冰凉的慕斯和布丁，无人不爱。用家中的平底锅和常见原料，再加上操作低难度，人人都能成功！

柠檬香杯慕斯

准备材料

淡奶油 150 克

细砂糖 30 克

青柠汁 30 毫升

牛奶 60 毫升

吉利丁片 6 克

焦糖核桃碎 60 克

柠檬块少许

制作步骤

打发淡奶油

1. 将淡奶油倒入大玻璃碗中，用电动搅拌器搅打至八分发，放入冰箱冷藏待用。

制作牛奶液

2. 将细砂糖、青柠汁倒入平底锅中，用小火加热，搅拌至细砂糖完全溶化，倒入牛奶拌匀。
3. 捞出浸水泡软的吉利丁片，沥干水分后放入锅中拌匀至完全溶化，制成牛奶液。

制作慕斯糊

4. 取出打发的淡奶油，先倒入一半的牛奶液拌匀，再倒入剩余的牛奶液拌匀，制成慕斯糊，装入裱花袋，用剪刀在裱花袋尖端处剪一个小口。

组合

5. 取布丁杯，挤入慕斯糊，放上焦糖核桃碎。
6. 再挤入适量慕斯糊，放上一层焦糖核桃碎，在杯口处插上柠檬块装饰即可。

-1-

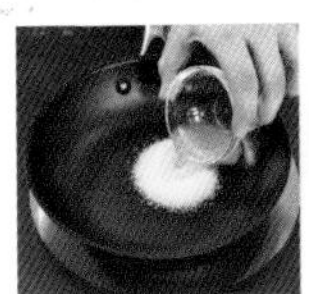

-2-

-3-

-4-

-5-

-6-

芒果慕斯

准备材料

芒果泥 150 克
芒果丁 80 克
蛋黄（1 个）22 克
牛奶 75 毫升
细砂糖 15 克
炼乳 15 克
吉利丁片 15 克
淡奶油 125 克
芒果片 50 克
透明果膏 80 克
猕猴桃丁少许
糖粉 8 克
银珠糖少许
薄荷叶 1 片

扫码看视频

制作步骤

制作芒果蛋黄糊

1. 将10克吉利丁片提前浸水泡软。将牛奶倒入平底锅中加热，放入泡软的吉利丁片、炼乳拌匀。
2. 将蛋黄、细砂糖倒入大玻璃碗中拌匀，将平底锅中材料倒入碗中，放入100克芒果泥，边倒边搅拌均匀，制成芒果蛋黄糊。

制作芒果慕斯糊

3. 将淡奶油倒入另一个大玻璃碗中，用电动搅拌器搅打至九分发。将一半的打发淡奶油倒入芒果蛋黄糊中拌匀，再将其倒入装有剩余打发淡奶油的大玻璃碗中拌匀，制成芒果慕斯糊。

冷藏定形

4. 取慕斯圈，用保鲜膜包住一边做底，倒入2/3的芒果慕斯糊，放上芒果丁，倒上剩余的芒果慕斯糊，抹平，再冷藏4小时。

制作芒果膏

5. 将5克吉利丁片浸水泡软，倒入装有50克芒果泥的碗中，倒入糖粉、透明果膏，拌匀成芒果膏。

二次冷藏定形

6. 取出芒果慕斯，倒上芒果膏，再放入冰箱冷藏2小时，取出，用喷枪烤一下慕斯圈后脱模，装饰上芒果片、猕猴桃丁、银珠糖、薄荷叶即可。

抹茶冻芝士蛋糕

准备材料

奶油奶酪 200 克
淡奶油 170 克
抹茶粉 10 克
奥利奥饼干（去除奶油夹心）80 克
无盐黄油 50 克
细砂糖 65 克
牛奶 30 毫升
吉利丁片 10 克
蜜豆 25 克

扫码看视频

制作步骤

制作饼干底

1. 将奥利奥饼干装入密封袋里，擀成饼干碎。
2. 将奥利奥饼干碎和室温软化的无盐黄油装入大玻璃碗中，用橡皮刮刀拌匀，制成饼干底。
3. 取慕斯圈，用锡箔纸包住一边做底，倒入饼干底，铺平、抹匀，放入冰箱冷藏，待用。

制作抹茶糊

4. 将奶油奶酪倒入另一个大玻璃碗中，用电动搅拌器搅打均匀，倒入细砂糖，搅打至出现纹路。
5. 平底锅中倒入牛奶煮至沸腾，放入泡软的吉利丁片，煮至完全溶化。
6. 改小火，倒入抹茶粉，搅拌至无干粉状态，制成抹茶液，关火，将抹茶液分2次缓慢倒入装有奶油奶酪的大玻璃碗中，搅打均匀，即成抹茶糊。

制作蛋糕糊

7. 将淡奶油倒入干净的大玻璃碗中，用电动搅拌器搅打至九分发，分2次倒入抹茶糊中，拌匀，倒入20克蜜豆，拌匀，制成蛋糕糊。

冷藏定形

8. 将蛋糕糊倒在饼干底上，撒上剩余的蜜豆，冷藏4小时，取出冷藏好的蛋糕，脱模即可。

草莓芝士蛋糕

准备材料

饼干碎 100 克

牛奶 35 毫升

淡奶油 80 克

无盐黄油 40 克

草莓汁 55 毫升

细砂糖 80 克

朗姆酒 10 毫升

奶油奶酪 200 克

吉利丁片 8 克

草莓片适量

制作步骤

制作饼干底

1. 将饼干碎和无盐黄油倒入大玻璃碗中拌匀，制成饼干底。取慕斯圈，用锡箔纸包住一边做底，倒入饼干底，铺平，放入冰箱冷藏。

制作蛋糕糊

2. 平底锅中倒入牛奶、淡奶油煮至沸腾，倒入吉利丁片、草莓汁、细砂糖、朗姆酒，拌匀成草莓糊。
3. 将奶油奶酪倒入另一碗中，用电动搅拌器搅打均匀，缓慢倒入草莓糊中拌匀，制成蛋糕糊。

冷藏定形

4. 取出饼干底，倒入蛋糕糊，轻震几下排出大气泡，再冷藏4小时，取出脱模，装饰上草莓片即可。

焦糖巴伐露

准备材料

消化饼干 50 克

无盐黄油 10 克

淡奶油 155 克

蛋黄 18 克

细砂糖 70 克

牛奶 70 毫升

吉利丁片 10 克

清水 10 毫升

黑巧克力片 30 克

可可粉 2 克

制作步骤

制作饼干底

1. 将消化饼干装入保鲜袋中擀碎，倒入放有室温软化的无盐黄油的模具中拌匀，制成饼干底。

制作巴伐露糊

2. 平底锅中倒入细砂糖和清水，边加热边搅拌，拌至呈焦黄色，关火，放入20克淡奶油、牛奶、泡软的吉利丁片、蛋黄拌匀。
3. 将135克淡奶油搅打至九分发，分3次倒入平底锅中，翻拌均匀，制成巴伐露糊。

冷藏定形

4. 将巴伐露糊倒在饼干底上，冷藏120分钟，取出蛋糕脱模，撒上可可粉，点缀上黑巧克力片即可。

芒果班戟

准备材料

芒果（切块）1 个

全蛋 1 个

蛋黄 1 个

细砂糖 25 克

低筋面粉 75 克

牛奶 175 毫升

淡奶油 150 克

香草精 2 克

无盐黄油（融化）12 克

制作步骤

制作面糊

1. 将蛋黄、全蛋及细砂糖倒入大玻璃碗中拌匀。
2. 将低筋面粉筛入碗中拌匀，分2次倒入牛奶拌匀。
3. 倒入香草精和融化的无盐黄油，搅拌均匀，筛入另一个大玻璃碗中，制成面糊。

煎制

4. 平底锅中倒入适量面糊，中火加热，煎成面皮，盛出放在油纸上，放凉至室温。

打发淡奶油

5. 将淡奶油倒入大玻璃碗中，用电动搅拌器搅打至九分发，装入裱花袋里，拧紧裱花袋口，再用剪刀在裱花袋尖端处剪个小口。

组合

6. 取1片面皮，挤上打发的淡奶油，再放上1块芒果，用面皮包裹住。以相同的方法处理剩余的面皮和芒果块，制成芒果班戟即可。

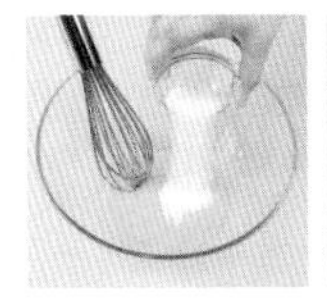

-1-

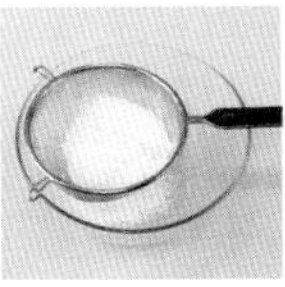

-2-

-3-

-4-

-5-

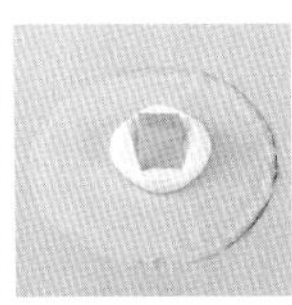

-6-

冰凉绿豆糕

准备材料

去皮绿豆 180 克

糖粉 50 克

食用油少许

清水适量

制作步骤

蒸制绿豆泥

1. 将去皮绿豆装入蒸盘，倒入少许清水。
2. 平底锅中注入适量清水，放上蒸架，蒸架上放上蒸盘，开大火将水烧沸后转中小火蒸约30分钟，取出蒸好的绿豆，放凉后倒入大玻璃碗中，用橡皮刮刀翻拌成绿豆泥。

炒制绿豆泥

3. 平底锅置于火上，倒入绿豆泥，边加热边用橡皮刮刀翻拌均匀。
4. 改为小火，将绿豆泥炒干，关火，待绿豆泥稍稍放凉，转入大玻璃碗中，再倒入糖粉拌匀。

入模压型

5. 用刷子往模具上刷上食用油，取适量绿豆泥放入模具中压成形，脱模，制成绿豆糕即可。

- 1 -

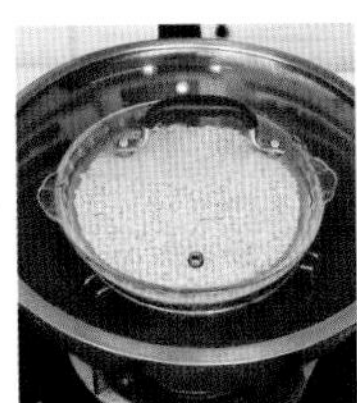

- 2 -

- 3 -

- 4 -

- 5 -

炸红薯丸子

准备材料

熟红薯 280 克

面粉 65 克

白砂糖 20 克

食用油适量

清水适量

扫码看视频

制作步骤

制作面团

1. 将熟红薯放入保鲜袋中，用擀面杖将红薯擀成红薯泥。
2. 将红薯泥放入备好的碗中，放入白砂糖。
3. 注入适量清水，搅拌均匀。
4. 加入面粉，搅拌成红薯泥面团。

整形

5. 戴上手套，将面团捏出一个个“球状”丸子，待用。

炸制

6. 平底锅中注入适量食用油，烧至七成熟。
7. 将红薯球放入油锅中，炸熟。
8. 将红薯球炸至焦黄色，捞起。
9. 放入备好的盘中摆好即可。

炸泡芙

准备材料

牛奶 110 毫升
水 35 毫升
黄油 55 克
低筋面粉 75 克
盐 3 克
鸡蛋 2 个
糖粉适量
食用油适量

扫码看视频

制作步骤

制作泡芙浆

1. 将牛奶倒入盆中加热，加入黄油、水、盐拌匀。
2. 搅拌至黄油全部融化，将低筋面粉倒入盆中搅拌均匀。
3. 分两次加入鸡蛋，并用电动搅拌器搅拌均匀，制成泡芙浆。

炸制

4. 平底锅中注入食用油，用小火烧热，取适量泡芙浆，用手挤成小团，用三角铁板刮起，放入烧热的油锅中。
5. 用筷子不停翻动泡芙，炸至其膨胀且呈金黄色。

装饰

6. 将炸好的泡芙装入盘中，用筛网将糖粉过筛到泡芙上即可。

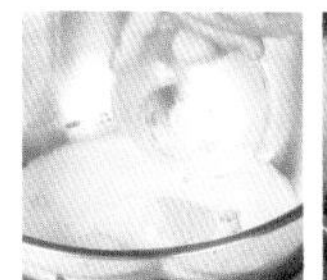

- 1 -

- 2 -

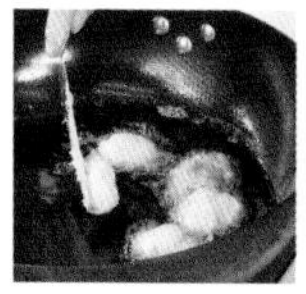

- 3 -

- 4 -

- 5 -

- 6 -

焦糖苹果巴伐利亚奶冻

准备材料

牛奶 150 毫升
淡奶油 150 克
蛋黄 2 个
细砂糖 100 克
吉利丁片 6 克
可可粉适量
苹果块适量
芒果块适量
香草精适量
薄荷叶适量
清水适量

制作步骤

制作奶冻糊

1. 将淡奶油倒入大玻璃碗中，用电动搅拌器打至八分发。
2. 把牛奶倒入平底锅中，加入25克细砂糖，边搅拌边加热至沸腾，关火。
3. 蛋黄中加入25克细砂糖，搅拌一会儿，再倒入一半煮好的奶液，搅拌均匀，倒回锅中，开小火，搅拌一会儿。
4. 放入泡软的吉利丁片，关火，搅拌至溶化，冷却，加入香草精搅拌均匀，再倒入打发的淡奶油拌匀，即成奶冻糊，盛出备用。

制作焦糖苹果

5. 将苹果块倒入平底锅中，小火翻炒至水分微干，倒入25克细砂糖，拌至苹果呈焦糖色，倒入碗中。
6. 锅中倒入剩余细砂糖，注入适量清水，小火熬成焦糖液。
7. 再将奶冻糊倒入锅中，搅拌均匀，关火，制成焦糖奶冻糊。

冷藏定形

8. 将焦糖奶冻糊倒入装有苹果的碗中，冷藏3小时，取出，撒上可可粉，点缀芒果块、薄荷叶即可。

芒果布丁

准备材料

芒果（切丁）60 克

吉利丁粉 5 克

清水 15 毫升

牛奶 170 毫升

细砂糖 20 克

浓缩芒果汁 35 克

制作步骤

制作明胶水

1. 清水中倒入吉利丁粉，化开，制成吉利丁液。

制作布丁液

2. 将牛奶、细砂糖倒入平底锅中，用中火加热至冒热气，关火。
3. 倒入吉利丁液，搅拌至混合均匀。
4. 倒入浓缩芒果汁，用手动打蛋器搅拌至混合均匀，关火，制成布丁液。

冷藏定形

5. 将布丁液倒入碗中，放入冰箱冷藏约2小时。
6. 取出冷藏好的布丁，放上芒果丁做装饰即可。

- 1 -

- 2 -

- 3 -

- 4 -

- 5 -

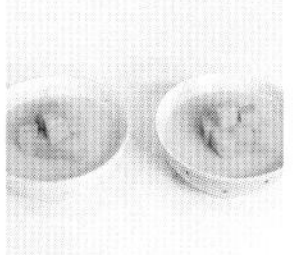

- 6 -

鸡蛋布丁

准备材料

鸡蛋 1 个

海藻糖 1 克

蛋黄 2 个

柠檬汁 5 毫升

奶粉 10 克

牛奶 200 毫升

清水适量

草莓适量

薄荷叶适量

制作步骤

制作布丁液

1. 将牛奶、海藻糖、奶粉倒入平底锅中，边加热边搅拌至食材混合均匀，制成牛奶液。
2. 鸡蛋打散倒入玻璃碗中，加入牛奶液，用手动打蛋器搅拌均匀，再加入蛋黄，拌匀成蛋糊。
3. 将柠檬汁加入蛋糊中，搅拌均匀，制成布丁液。

蒸制

4. 将布丁液过筛到另一个耐高温的玻璃碗中。
5. 平底锅中放入蒸架，注入适量清水烧热，放入装有布丁液的碗，蒸20分钟，取出，用草莓、薄荷叶装饰即可。

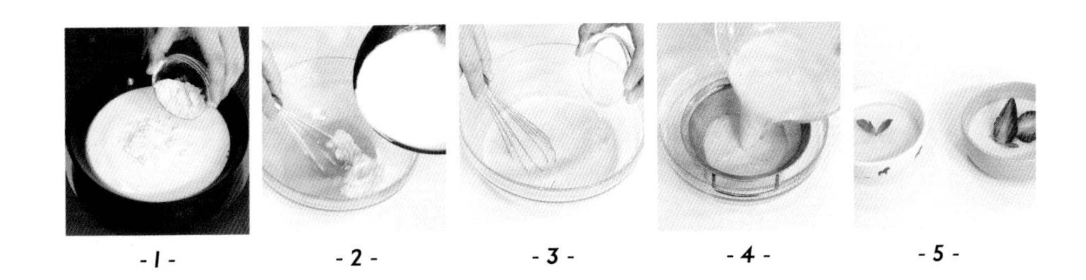

-1- -2- -3- -4- -5-

草莓布丁

准备材料

草莓 8 颗

吉利丁片 5 克

淡奶油 35 克

牛奶 150 毫升

打发的淡奶油 80 克

细砂糖 35 克

罗勒叶少许

制作步骤

准备

1. 将淡奶油倒入大玻璃碗中，用电动搅拌器搅打至干性发泡。
2. 将吉利丁片装入碗中，倒入适量温水泡至发软。
3. 将4颗草莓切块后装入碗中，倒入细砂糖，拌匀后静置约30分钟。

制作布丁液

4. 平底锅中倒入草莓块，开中火，边加热边翻拌至草莓软烂，转为小火，倒入牛奶，拌匀。
5. 关火，倒入淡奶油、泡软的吉利丁片，利用余温加热并将锅中材料搅拌均匀。
6. 待锅中材料放凉后倒入打发的淡奶油中，搅拌均匀，即成草莓布丁液。

冷藏定形

7. 将2颗草莓切片，一半贴在一个布丁杯底部的内壁上，另一半贴在另一个布丁杯靠近杯口的内壁上。
8. 将草莓布丁液分别倒入布丁杯中，再放入冰箱冷藏约3小时后取出。
9. 将剩余的草莓切片后放在布丁上，最后放上罗勒叶装饰即可。

蓝莓布丁

准备材料

吉利丁片 5 克

蓝莓 40 克

牛奶 160 毫升

柠檬汁 3 毫升

淡奶油 20 克

朗姆酒 3 毫升

细砂糖 35 克

罗勒叶适量

制作步骤

准备

1. 将20克蓝莓倒入碗中，加入细砂糖，拌匀，静置约30分钟。
2. 将吉利丁片装入另一碗中，倒入适量温水泡至发软。

制作布丁液

3. 平底锅中倒入拌好的蓝莓，开中火，边加热边翻拌至蓝莓软烂，改为小火，倒入柠檬汁，翻拌均匀，煮至沸腾。
4. 倒入牛奶，煮至沸腾，倒入淡奶油，搅拌均匀，倒入朗姆酒，拌匀。
5. 将泡软的吉利丁片放入锅中，利用余温加热并拌至吉利丁片溶化，制成蓝莓布丁液。

冷藏定形

6. 将蓝莓布丁液倒入杯中，再放入冰箱冷藏约3小时，取出，放上剩余蓝莓、罗勒叶装饰即可。

-1-

-2-

-3-

-4-

-5-

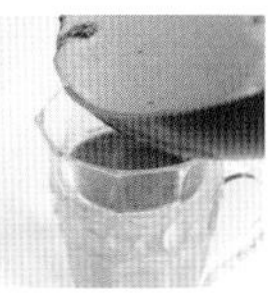

-6-

猫爪棉花糖

准备材料

蛋白 74 克

细砂糖 47 克

吉利丁片 5 克

草莓汁 20 毫升

玉米粉适量

清水适量

制作步骤

准备

1. 碗中倒入清水，放入吉利丁片泡软。
2. 将蛋白用电动搅拌器搅打至九分发。

制作蛋白霜

3. 平底锅中倒入细砂糖，加入清水，用小火将其熬煮成糖浆，放入泡软的吉利丁片，拌至完全溶化。
4. 将平底锅中的材料缓慢倒入打发的蛋白中，边倒边用电动搅拌器搅打均匀，制成蛋白霜。

制作草莓霜

5. 取1/3的蛋白霜装入小玻璃碗中，再加入草莓汁搅拌均匀，制成草莓霜。

组合装饰

6. 将草莓霜装入套有圆裱花嘴的裱花袋里，在裱花袋尖端处剪一个小口；将剩余的蛋白霜装入另一裱花袋里，在裱花袋尖端处剪一个小口。
7. 取烤盘并铺上一层玉米粉，再在表面轻轻按压出数个圆形凹槽，往凹槽内挤上蛋白霜，用草莓霜点缀出可爱的猫脚掌造型。

冷藏定形

8. 将烤盘放入冰箱冷冻约15分钟，取出冻好的棉花糖，再裹上一层玉米粉即可。

抹茶巧克力

准备材料

淡奶油 60 克

抹茶粉 6 克

白巧克力 100 克

制作步骤

制作抹茶糊

1. 将淡奶油倒入平底锅中，用小火加热。
2. 倒入抹茶粉，搅拌至糊状，关火，制成抹茶糊。

制作抹茶巧克力液

3. 将白巧克力切碎后倒入小钢锅中，再隔热水搅拌至融化。
4. 将抹茶糊倒入小钢锅中，快速搅拌均匀，即成抹茶巧克力液。

冷藏定形

5. 取模具，依次倒入抹茶巧克力液，放入冰箱冷藏约2小时至抹茶巧克力成形，取出脱模，装入盘中即可。

-1-

-2-

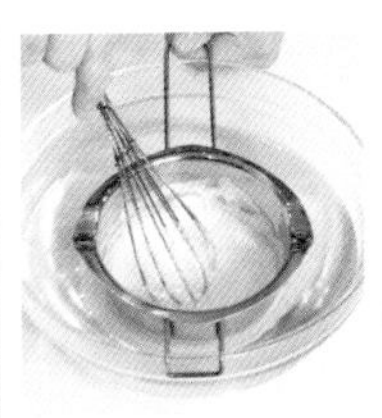

-3-

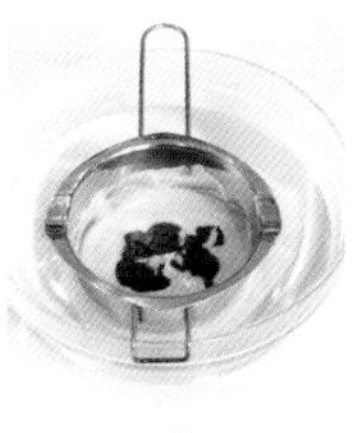

-4-

-5-

椰香奶冻

准备材料

纯牛奶 250 毫升

糖粉 35 克

玉米淀粉 20 克

椰浆 10 毫升

吉利丁粉 10 克

椰蓉 30 克

开水 40 毫升

制作步骤

制作椰浆糊

1. 往装有吉利丁粉的碗中倒入开水、椰浆，拌匀成椰浆糊。

制作面糊

2. 将纯牛奶倒入平底锅中，用中小火加热，倒入玉米淀粉、椰浆糊、糖粉拌匀，制成面糊。

入模冷藏

3. 用保鲜膜包住慕斯圈的一面，撒上适量椰蓉做底。
4. 倒入平底锅中的面糊，移入冰箱冷藏4小时以上，即成牛奶冻。
5. 取出牛奶冻，切成条，再切成丁，将切好的牛奶冻蘸裹上一层椰蓉，装入盘中即可。